Dior

CATWALK

迪奥T台

时装作品全集

（英）亚历山大·弗瑞　　（法）阿黛丽娅·萨巴蒂尼　著

朱巧莲　译

东华大学 出版社 · 上海

目　录

伊夫·圣罗兰

马克·博昂

序　言

无底蕴，不时尚

真正的时尚瞬间常被赋予传奇色彩，然而在现实中却千载难逢。尽管时尚界对此说法不予承认，但真正能够引领潮流的时尚瞬间的确寥寥无几。这是因为时尚瞬间往往需要天时地利，需要通过时装的展示激起人们对时装背后深层次文化的关注和思考，并产生广泛共鸣。时尚瞬间是将短暂的事物化为实质，通过服饰来表达当下的希望、恐惧和愿望。人们常预言时尚瞬间的到来，但只有极少数时装设计师、真正的行业翘楚，才能宣称自己创造了时尚瞬间。

在时尚界，能被人们铭记的"瞬间"屈指可数，其中就包括 1947 年 2 月 12 日。当时还是凛冬时节，以品牌创始人克里斯汀·迪奥（Christian Dior）先生命名的高级时装屋在巴黎首次推出了春季高级定制系列。品牌创设还不到两个月，迪奥先生就受到了亿万富翁纺织业巨头马塞尔·布萨克（Marcel Boussac）的资助，于是就从起初设想打造一个简约独特的品牌，转而致力于生产顶级奢华的服装。从高级时装屋的设想到蒙田大道三十号的实体店开门营业，一切进展神速。随着第一批客户和媒体步入沙龙，宾客纷至沓来。

十年后，克里斯汀·迪奥在他的自传《克里斯汀·迪奥自传》（*Dior by Dior*）中回忆道："我理想的房子里面所有一切都焕然一新，包括新的氛围、同事、家具、甚至房子的地址。周边的生活万象更新，是时候让新趋势引领时尚了。"这种"新趋势"正是迪奥先生心中的大众时尚，尤其是巴黎时尚的象征。在新的时代用新的时尚一扫战时的节俭朴素之风。迪奥的时装发布秀设在特里亚农灰色调的沙龙里，其新古典主义装饰风格与加布里埃尔·香奈儿（Gabrielle Chanel）在康朋街的蜜糖色现代主义装饰风格、艾尔莎·夏帕瑞丽（Elsa Schiaparelli，又译伊尔莎·夏柏瑞丽）在旺多姆广场的超现实主义装饰风格（夸张的粉红色地毯、萨尔瓦多·达利设计的橱窗）有天壤之别。迪奥的试衣模特步态灵活、风姿绰约、脚尖回旋、袅袅婷婷。迪奥就是新趋势的代名词。

迪奥本人并未自诩他的服装有多革新，但美国《时尚芭莎》（*Harper's Bazaar*）主编卡梅尔·斯诺（Carmel Snow）却对迪奥的时装赞不绝口，称其真是"新风貌"（New Look）！但迪奥先生当时展示的时装系列意义远不止于此，它代表着一种启迪、一场革命和一个至高的时尚瞬间。迪奥先生没有沿袭过去的时尚，他大胆革新，独树一帜：缔造了一种温柔、娇美、妩媚的女性形象。经由迪奥先生之手，紧身上衣像含苞待放的花蕾一样映衬着女性的纤细腰肢和丰腴身线，长及小腿的裙子则像绽放的鲜花般摇曳生姿。

卡梅尔·斯诺一语中的，这个时装系列的一切都是崭新的，具有划时代意义。如果说原来服装的肩部设计是方正的，那么迪奥的设计就是圆顺的；如果原来流行的是厚底鞋，帽子上堆满水果、鲜花等饰物，华而不实，那么迪奥能让女性显得脚踝纤细，帽子的线条也变得简洁流畅。尤为值得一提的是，迪奥对面料的丰富选择，直观地表现出人们已脱离战时节衣缩食、缝缝补补的生活状态。迪奥的服装预示着时尚界未来的光明前景。当季最流行的款式是什么？当然非迪奥套装（Bar Jacket）莫属，它是一件弧度柔和的象牙色柞蚕丝外套，用软质衬垫填充的紧身胸衣衬出盈盈一握的纤腰，搭配一条用四米长的黑色羊毛面料制成的百褶裙。这个经久不衰的经典款式，在七十余年后的今天仍然与我们产生共鸣。同时它也是女性气质的化身，代表了高级定制的至高地位，象征着时尚的力量。

更重要的是，它看起来是一种全新的风貌。

∴

迪奥的时尚瞬间臻于化境，适逢其时。哲学家乔治·黑格尔（Georg Hegel）曾言道："没有人能够超越自己的时代，因为他的时代精神就是他自己的精神。"迪奥先生的功成名就以及他的时尚瞬间，恰恰印证了这一点，其根源在于迪奥承载了整个时代的希望和梦想，尤其是在欧洲，特别是在巴黎。时尚本身或迪奥时装首次亮相可能只是一时热度，但迪奥的时尚瞬间却经久不衰，远超时尚本身、甚至迪奥先生本人。

迪奥的首次高级定制发布秀及其带来的影响力是空前绝后的。在迪奥先生之前或之后，都没有哪个设计师能在这么短的时间内变得炙手可热。"放眼时尚史，首次发布秀便能引起如此巨大轰动的设计师独此一位。"连一向保守的《时代》（Times）杂志都对迪奥赞赏有加。1957 年 3 月，在迪奥先生成名十年后，也就是他去世之前六个月，迪奥先生成为《时代》杂志的当月封面人物，也由此成为第一位荣登《时代》杂志封面的服装设计师，这也进一步巩固了迪奥先生的业界地位，提升了他的全球知名度。

迪奥"新风貌"设计的过人之处在于他对自己倡导的时尚风格深信不疑。正如黑格尔所言，迪奥先生的个人精神与时代精神相互交融。迪奥像是为受二战创伤的世界提供了一剂良药，驱散了战后弥留的种种恐惧和限制。正如他在自传中写道："我的个人想法与时代发展趋势不谋而合，算是抓住了时代红利……我们刚刚走出一贫如洗、精打细算、斤斤计较于票证与布料点数的时代：因而我的创作自然要针对这种想象力的匮乏对症下药……欧洲人民已经厌倦了炮火连天的苦难日子，现在只想享受烟花盛放的岁月静好。"

高级定制就是迪奥用于改变世界的手段。如果这是艺术，那它与当时盛行的威廉·德库宁（Willem de Kooning）和杰克逊·波洛克（Jackson Pollock）的抽象表现主义相比，影响力可能没那么强，波洛克的"滴画"是与迪奥首个系列同年问世的，画风激进。这是因为，尽管迪奥推出的造型被称为"新风貌"，但实际上该造型并不是以新颖为宗旨，而是与那个年代的流行趋势形成鲜明的对比。它与回忆和幻想有关，旨在通过回顾过去来克服当下的困难。"1946 年 12 月，战乱和统一制服让女性的着装打扮与亚马逊人无异。"迪奥先生在他的自传中如是说道，"我为如花般的女性设计衣服。"

迪奥先生的先锋性植根于怀旧情结：他的"新风貌"让爱德华时代的工艺重获生机，并且再现了 19 世纪五六十年代查尔斯·弗莱德里克·沃斯（Charles Frederick Worth）首创的高级定制服装的轮廓。同时迪奥的时装系列也与近代的时尚潮流相呼应：在二战爆发前，就已经有高级时装设计师开始复归 19 世纪的服装风格，采用宽摆裙和束腰紧身衣，以此让腰部呈沙漏状，尽管当时的主流仍是平肩廓形。

1937 年，彼时迪奥先生还在罗贝尔·比盖（Robert Piguet）工作室工作，他设计的裙子腰身毕露裙摆宽大，具有柔和的曲线风格，为其后来的声名大噪定下了基调。迪奥先生的早期作品"英格兰咖啡"千鸟格连衣裙饰有蕾丝，充分将男性衣料与女性形体相结合，剪裁精致，线条柔和。这一设计不仅是迪奥 1947 年首次发布秀的预热，还预示了他的璀璨职业生涯。迪奥先生为比盖设计的那款裙子无疑是成功的，"克里斯汀·迪奥"名下的其他设计也同样屡获成功。迪奥先生后来在 1941—1946 年间为吕西安·勒龙（Lucien Lelong）工作，其设计风格依然故我，他的作品为勒龙的客户勾勒出了更加柔和、更具女人味的轮廓。

迪奥先生 1947 年 2 月之时尚瞬间的影响力不容小觑。当时的媒体对迪奥大加赞赏，迪奥先生受到的好评如潮。"这就是每个人想从巴黎带走的东西。"*VOGUE* 杂志编辑贝蒂娜·巴拉德（Bettina Ballard）难掩激动地说道，"迪奥先生就是高级时装界的拿破仑、亚历山大大帝和凯撒大帝。"同时期《时尚芭莎》杂志的主编卡梅尔·斯诺更是一针见血地点评道："迪奥先生拯救了巴黎。"作家兼策展人亚历山德拉·帕尔默（Alexandra Palmer）指出，截至 1956 年，迪奥公司对美国出口的法国高级定制服装占整个法国对美国出口总额的一半。到 1958 年，迪奥公司规模已达 1 500 人。《时代》杂志报道称，"（迪奥）就像阿特拉斯大力神一样，托起了整个法国时装业。"

如果说真正的时尚瞬间是将无形的东西化为有形的，那么克里斯汀·迪奥持久的标志则是双重的：一方面是具象的，另一方面是意识的，即有形的服装廓形与无形的意识情感之间的对比冲撞。

迪奥廓形生动立体，线条简约凝练，辨识度极高，窄腰宽摆裙尽显女性婀娜体态。

迪奥时装采用迪奥套装系列的黑白配色和夸张的弧线廓形，以及只有在巴黎高级定制中才能看到的经过精雕细琢的优雅造型。迪奥先生曾说，他的愿望是将女性从天然的本来状态中拯救出来：迪奥套装系列强调自然，但又高于自然，用人类的手工缔造出了一种理想化的女性形态。

迪奥品牌的另一大亮点是塑造迪奥廓形的内在工艺。迪奥先生当初是本着恢复失传和没落的技艺的原则创立了高级时装屋——借用他的话说就是，回归奢华的传统。迪奥的礼服如同建筑或工程一样，是设计的杰作。每件迪奥作品都独一无二，宣告着法国工艺的至高地位。即使在今天，迪奥服装的制作工艺以及能胜任其高级定制工作的匠人，也只有在法国才能找到。20 世纪 60 年代以来，迪奥面临的挑战是如何将其转化为成衣和配饰。约翰·加利亚诺（John Galliano，又译约翰·加里亚诺）将高级定制比作高浓度的香精，其强大的力量感和奢华感为如今迪奥的诸多系列赋予创意灵感，令迪奥生生不息。

除了迪奥套装系列的廓形和工坊的精湛工艺外，迪奥还有其他的亮点，譬如微妙的美学线索和符号，它们精准无误地代表着品牌高级时装屋的身份。性感迷人的内衣和质地考究的睡衣，轻盈精致的蕾丝搭配挺括厚实的羊毛面料，以及对法兰绒、粗花呢、威尔士亲王格子呢等男性化面料的使用，反衬出光辉闪耀的女性形态。点缀在领口或下摆的印花图案，或是礼服长裙的典雅造型，令女性身姿曼妙，如绽放的鲜花般浑然天成。还有色系：天竺葵红色是迪奥先生的幸运色；粉红色则与迪奥在其出生地格兰维尔的童年住宅的灰泥墙面相匹配；再者如交响乐般和谐的灰色，在迪奥先生眼中这是高级时装中最优雅的颜色。这些灰色不禁让人想起格兰维尔所处的诺曼底海岸线上的大海和天空，但对迪奥先生来说，它们都"非常巴黎"。在巴黎路灯的照射下，蒙田大道墙上的珍珠灰色似乎在悄然发生着变化：它和迪奥高级时装屋脉脉相通，因而得名"迪奥灰"。

这些符号、别出心裁的标识以及迪奥高级时装屋的视觉语言，从 20 世纪 80 年代开始直到今天都一直让包括奇安弗兰科·费雷（Gianfranco Ferré，又译吉安科罗·费雷）、约翰·加利亚诺、拉夫·西蒙（Raf Simons）和玛丽亚·嘉茜娅·蔻丽（Maria Grazia Chiuri）在内的历任迪奥设计总监心驰神往。他们要做的便是用全新的声音讲述全新的故事，但要使用"迪奥服装字典里的词汇"。他们并不像不折不扣地继承了迪奥先生衣钵的伊夫·圣罗兰（Yves Saint Laurent，又译伊芙·圣·洛朗）或马克·博昂（Marc Bohan）那样对迪奥先生了如指掌。他们打造的每一季时装作品都让迪奥重新焕发生机。

"我认为我们是他精神的守护者，也是他梦想的守护者。"约翰·加利亚诺在 2007 年，也就是在他执掌迪奥十年后如是说道。他口中的"我们"指的是他和他的前辈，但他后来的继任者也是这般传承迪奥的。拉夫·西蒙称自己为"看门人"；玛丽亚·嘉茜娅·蔻丽在讨论她的 2017 春夏成衣系列发布秀暨迪奥七十周年庆时称自己为"策展人"。透过他们的每个时装系列，可以看到迪奥的主线，追溯迪奥的关键廓形，一窥迪奥服装的颜色选择。也许这条主线就像香水"迪奥之韵"一样，弥漫着迪奥先生最爱的铃兰花芳息。迪奥先生会在衣服下摆插上一朵铃兰花，以祈求好运。

迪奥先生非常迷信，他迷恋非物质的、无形的和难以捉摸的东西。迪奥先生在自传的开始便讴歌了他的好运气：他在做出任何重大人生决定前，都会请教占卜师、敲击木头和紧握护身符。他笃信命运的力量。这就是为什么迪奥先生除了留下物质遗产外，他脑海中的思绪和难以名状的东西始终萦绕不去。迪奥先生的标志不仅体现在其衣服的接缝处，面料、剪裁和结构的细节上；还体现在态度、心理和精神状态上。

迪奥是浪漫、魅惑、风情的代名词。所有这些都可以让人自由诠释，因而能通过不同的服装设计得到彰显。它们可以体现在飘逸的舞会礼服长裙上，也可以体现在剪裁利落的裤套装或黑色皮外套上——所有这些都曾以"克里斯汀·迪奥"的名义出现过。最简洁明了的表述一直存在于迪奥套装起伏的线条中，但这些概念代表的是迪奥先生的思想体系——不是该高级时装屋的视觉符号，而是其背后的思维过程和信念。

这种感知是理解迪奥在过去、现在和未来经久不衰的重要因素。迪奥不仅是一种廓形，更是一系列根源于廓形的理想。迪奥的这种特性从约翰·加利亚诺以斜裁式吊带裙和玲珑曼妙的裁剪，为现代客户简化迪奥结构线条便可见一斑；从拉夫·西蒙设计的质地光滑的长裤套装，为 21 世纪的女性提供全新视野便可得到验证；从玛丽亚·嘉茜娅·蔻丽对女性气质和女性主义的融合，以及运动装和高级时装的结合中便能见微知著。这是典型的迪奥风格，甚至跨越了性别界限：艾迪·斯理曼（Hedi Slimane）在 2000 年推出迪奥男装线时，通过采用勒马利耶羽饰工坊（Lemarié）精心制作的轻柔丝绸、羽饰结构和皮革胸花，成功让本属于女性世界的高级时装走进了男士的衣橱中。即使是迪奥的男装系列，其传达的信息仍能和永恒的女性力量产生共鸣。

自迪奥首次发布秀以来，时尚界便变得支离破碎：再没有哪位设计师能够凭借自己的首个系列或其他系列，以一己之力影响整个行业的发展并变革全世界的穿搭方式。虽然迪奥先生在此之后又工作了十年，对全世界女性的品味了如指掌，还被冠以"高级时装界的通用汽车"称号，但他也很难再重现这样的神迹。1957 年迪奥先生离世时，他的高级时装屋年收入约为2000万美元。《纽约时报》在报道一连串迪奥系列复制品时称："横亘时尚界十年的奇迹让高级时装的领导地位悬而未决"，凸显了这位已故服装设计师过去十年间在时尚圈的统治力。"这个丰润、衣着入时、有些害羞的男士，同时也是有史以来最富有、最成功的巴黎设计师，遗留下了世界上最大的时尚帝国。"

自1984年贝尔纳·阿尔诺（Bernard Arnault）执掌迪奥业务以来，他便致力于重振迪奥在时尚界的雄风，并大胆聘请设计师掌舵品牌。正由于每一次果敢的出击精准契合了时下的主流氛围，这才确保了公司始终在引领市场，而不是附庸市场。在迪奥先生去世后的六十年间，有六位艺术总监相继上任，也有两年由工作室领导的时期，作为迪奥先生的继任者，他们所面临的挑战和迪奥先生本人一样，那就是不辜负之前的"新风貌"，不辜负那样一个无法超越的时尚瞬间。但这是不可能的，也是没必要的。

哲学家瓦尔特·本雅明（Walter Benjamin）称，"时尚是新事物的永恒重复。"克里斯汀·迪奥的历史就是一部变革史，更是一部成千上万个"新风貌"的演变史。迪奥本人在20世纪四五十年代一季又一季地对时尚进行革新。他放弃了"新风貌"，转而采用建筑般的硬朗线条，将一年两季的女性时装改造成各种抽象造型。迪奥先生去世后，在伊夫·圣罗兰的指导下，迪奥品牌百尺竿头，更进一步，开辟了新的廓形系列，广受好评。三年后，轮到了马克·博昂；1997年又轮到了约翰·加利亚诺。迪奥的每一位设计师都试图重现1947年2月12日那天的一抹辉煌，恰如其分地表达"克里斯汀·迪奥"这个富有魔力的名字。

时装秀的T台让设计师们的创造力大放异彩。迪奥最早的系列是在蒙田大道三十号拥挤的高级时装屋里进行展示的。作为时尚界伟大的潮流引领者，迪奥先生的设计作品决定了当代时尚的走向。不管是站在个人角度还是品牌角度，迪奥先生都很忌惮抄袭者，所以他遵照巴黎高级时装公会（法国时尚界管理机构）的规定，对其早期时装秀的宾客和记录都做出了严格限制。这一时期，T台照片并不一定会公开，因此经常能看到一些摆拍的剧照：那时的时尚更多是通过大众媒体上的插画来展示的，后来才在欧文·佩恩（Irving Penn）、理查德·阿维顿（Richard Avedon）等摄影师的镜头下被永久地定格下来。但是，随着T台秀在20世纪七八十年代的不断发展，其重要性和公开度不断提高，迪奥高级时装屋也敞开了沙龙的大门。他们迎接挑战，策办了诸多时尚史上令人惊叹的T台秀。为了筹办约翰·加利亚诺的1997年的首季发布秀，巴黎大饭店被改造成了迪奥高级定制沙龙的翻版，秀场面积相当大，用800米长的迪奥灰色织物铺设而成，饰有4200朵玫瑰。2012年，拉夫·西蒙委托安特卫普的花商马克·科勒（Mark Colle）用超过一百万朵鲜花，包括飞燕草、兰花、含羞草、玫瑰，来装饰酒店沙龙，作为他在迪奥的高级定制系列首秀布景。在巴黎的蒸汽火车上、日本的相扑体育场以及法国布莱尼姆宫和凡尔赛宫都曾举办过迪奥的时装发布秀。迪奥的时装秀重新定义了时尚的"盛景"，能与这些 T 台秀媲美的只有那些令人惊艳的华服了。

正如加布里埃尔·香奈儿的设计被誉为一种风格、一种"风貌"，而不仅仅被视为服装，克里斯汀·迪奥的作品也常被视为时尚的典范。迪奥高级时装屋的成功与特定的时空不可分割，它象征着一个历史时刻，一个时尚瞬间，以及一个改变世界面貌的人。我们都知道，时尚易逝，风格永存。然而，迪奥，这个顶级时装品牌却以终极时装宣言战胜了所有期望、颠覆了所有趋势，超越了时尚本身。克里斯汀·迪奥时装品牌在其天才创始人精彩首秀七十余年以及离世六十余年后经久不衰，坚不可摧。他的"新风貌"经典之作亦是如此，筑就了一个时尚瞬间，成为了永恒不朽的传奇。

撰文 / 亚历山大·弗瑞

系列作品

克里斯汀·迪奥

展望新时尚

他是一位时代造就的革新家、一位精明强干的商人、一位独具匠心的创造者，他想让女性重新拥有梦想，他就是克里斯汀·迪奥——一个让·科克多（Jean Cocteau）称之为"上帝和黄金"（法语:Dieu 和 or）的神奇名字，给时尚界带来了革命性变化。迪奥先生重新确立了巴黎在二战后文化产业中的主导地位；在大规模生产愈演愈烈的浪潮下，他坚称高级定制是无与伦比的；当然，他还改变了女性的穿着方式。从第一批贴有迪奥标签的服装问世，他就已经做到了这一点，那是在 1947 春夏高级定制系列的首秀上，他自己分别将其称之为"数字 8"系列和"花冠"系列，但历史上将它们统称为"新风貌"。

迪奥先生的人生经历常被人提起，并在很大程度上被神化。他出生于 1905 年 1 月 21 日，在格兰维尔一户殷实富足的中产阶级家庭中长大。格兰维尔是一座位于法国西北部诺曼底海岸的小镇。他的父亲莫里斯·迪奥（Maurice Dior）掌管着一家已经传承两代、从事化肥生产的家族企业。他的母亲叫玛丽·玛德莱娜·朱丽叶·马丁（Marie Madeleine Juliette Martin），是秀外慧中的典范。然而，迪奥先生的童年几乎没有任何迹象表明他有朝一日会成为一名服装设计师，除了对服装饶有兴趣，小小年纪的他还展现了绘画方面的天赋异禀和对艺术学习的渴望，但这些遭到了双亲的极力斥责。迪奥先生的父母都期望迪奥先生能效仿他的叔叔吕西安（Lucien），长大后做一名议员。1923 年，迪奥先生正式进入巴黎政治科学学院学习，但考试成绩往往不尽人意。

1928 年，迪奥先生的父亲出资数十万法郎为他筹建了一家艺术画廊。该画廊展出达利（Dalí）、乔治·德·基里科（Giorgio de Chirico）和毕加索（Picasso）等艺术家的画作。但该画廊于 1931 年关门大吉。迪奥先生的第二家画廊于 1932 年正式开业，但好景不长，大萧条使迪奥家族的财富缩水，第二家画廊也被迫于 1934 年关闭。因此，到了 20 世纪 30 年代中期，身无分文的迪奥先生不得不转而通过服装来赚钱。他最初以自由职业者的身份出售设计草图，先后担任过罗贝尔·比盖和勒龙公司的服装设计师。迪奥先生的作品从一开始就大获成功：当时他声名不显，许多时装屋想借机将他的设计冠以自家时装屋的名称付诸生产。然而，作为这些服装样式的幕后创造者，迪奥先生开始声名鹊起。

1946年，迪奥遇见了纺织业巨头马塞尔·布萨克。布萨克是鼎鼎有名的棉花大王，也是当时的法国首富。最初他们的会面是为了商量重振尘封已久的菲利普和嘉士顿时装屋事宜，而现在这一时装屋在迪奥的故事中所扮演的角色已被遗忘。这个时装屋并不属于克里斯汀·迪奥自己所有，因此他断然拒绝了。1946年12月16日，在布萨克的资助下，克里斯汀·迪奥高级时装屋在蒙田大道三十号顺利开业。该高级时装屋的首秀是1947春夏高级定制系列。接下来的事已经家喻户晓——在迪奥先生领导的十年间，迪奥高级时装屋独树一帜，大胆革新，一跃登上了时尚界的顶峰。迪奥的飞跃不仅是创造性的，还表现在其商业性上。到1949年，迪奥高级时装屋的产品占法国时装出口额的75%，占法国出口总额的5%。可见迪奥的业务量之大。

"新风貌"是迪奥最伟大的胜利。据称艺术家克里斯汀·贝拉尔（Christian Bérard）惊艳于迪奥的首次发布秀，当晚对迪奥先生窃窃私语："从明天开始，如何保持及超越现在的成就可让你有得愁了。"迪奥先生接着推出了一个又一个时装系列，确立了自己在高级定制界的优势地位。服装版型包括"纺锤"、"倾斜"以及以字母命名的"A"、"Y"、"H"系列。迪奥先生喜欢高度结构化、复杂化的服装。他的时装系列由令人印象深刻的几何廓形组成，常通过精心设计的承托结构和裁剪技术来实现。据说，这种强大的内部结构可以单独支撑起迪奥的裙子。然而，从外形来看，迪奥的衣服是恬静庄重的，这和迪奥不同系列款式的快速更迭形成了鲜明对比——这决定了迪奥是一个不断精进变化的时尚典范，与几十年前不疾不徐的演变截然不同。迪奥在审美上是怀旧的，但在时尚观上却明显具有前瞻性。

1957年，在亲力亲为十年的巨变之后，迪奥先生因突发心脏病溘然长逝。迪奥先生不仅给世人留下了一个以他名字命名的时尚帝国，而且还留下了一个深受他影响的时尚产业，这个他本人最终无法超越的胜利，此后也从未被后来者所超越。

撰文 / 亚历山大·弗瑞

"新风貌"（"花冠"与"数字 8"）

1947 年 2 月 12 日清晨，聚集在巴黎蒙田大道的人们正在观看本季最后一场高级定制发布秀——新成立的迪奥高级时装屋的时装秀。*VOGUE* 杂志编辑贝蒂娜·巴拉德（Bettina Ballard）在回忆当时在刚粉刷成灰色的沙龙中的情景时说道："我感受到了一种从未在高级定制时装中感受过的心潮澎湃。"

迪奥的首个高级定制系列揭幕仪式不负众望。巴拉德继续说道："第一个女模特出来了，她步履轻快，身姿婀娜，举手投足撩人心弦，在人群密集的房间里转着圈，百褶裙的裙裾飞动，打翻了烟灰缸。在场的观众几乎要从座位上站起，谁都不希望错过这一重要时刻的任何一个环节。"

尽管模特们的步伐很快，这场时装发布秀还是持续了两个多小时（迪奥高级定制系列通常由 200 多款设计作品组成），成为了全世界的头条新闻。《纽约先驱论坛报》（*New York Herald Tribune*）巴黎版称其为"本季的轰动事件"，而这场时装秀在媒体上最大的支持者《时尚芭莎》的编辑卡梅尔·斯诺则给予了更高的评价，她宣称："这是场革新，亲爱的克里斯汀，你的裙装带来了一种新风貌"。"新风貌"这个词就此诞生，并载入了时尚史册。

最初由克里斯汀·迪奥为该系列亲自撰写的新闻稿中描述了两大主要廓形："花冠"系列（"似舞蹈般灵动，宽大的下摆衬起丰腴的胸线和纤细的腰身"）和"数字 8"系列（"袅娜圆润，低胸收腰式设计以突出臀线"）。

"第一个春夏高级定制系列具有典型的女性化特征，旨在迎合穿着它们的女性。"迪奥先生继续说道，"裙子明显变长，腰部线条清晰可见，外套被缩短——这些都有助于使廓形更加修长。"该系列的主色调为"海军蓝、灰色、灰褐色和黑色"。

迪奥的首个系列旗开得胜，并登上了美国版 *VOGUE* 杂志的封面，该杂志还为其巴黎报道拍摄了标志性的迪奥套装（见对页）。报道称："不是'简单的小礼服'，也没有夸张的亮片设计。相反，每种款式都是基于深厚的服装制作知识来设计的，着力于打造女性的曼妙身姿与无穷魅力。"

"克里斯汀·迪奥全新巴黎高级时装屋的揭幕……不仅展示了一个美妙绝伦的时装系列；它也给法国时装的设计能力带来了有力的全新保证。"*VOGUE* 杂志总结道。

"极具革新意义的新风貌"

"迪奥重现了五个月前的成功，"VOGUE 杂志称，"第二个时装系列证明了他的成功并非偶然。若对迪奥时装系列进行描述：本季巴黎设计特色在迪奥的作品中得以完美体现。迪奥的时装系列就是巴黎设计的典范。"

"几乎没有垫肩的紧身上衣与长及脚踝的裙子"是 VOGUE 杂志对迪奥时装廓形的描述，杂志称新系列（"垫肩变薄了，去掉了衣服下的一些重要塑形材料：内置的内衣钢圈、内置的腰部束带，以及它们如何塑造女性的身材、改变女性的走姿和坐姿"）是"十多年来最明显的时尚变化"。

迪奥高级时装屋最初撰写的时装系列笔记强调了"肩膀柔软、胸部丰满、腰部纤细、臀部圆润"的重要性。两种穿衣风格形成鲜明对比："茎叶女性与花漾女性"。前者通过"被称为'巴黎背影'系列的狭窄廓形"表现出来，而后者则通过"花冠"展现出"如绽放的郁金香般的玲珑曲线"。

"保留上一季的圆润臀线、窄肩、收腰、长裙，并且更加强调其特点；凸显胸部、臀部曲线；再加上一顶可以斜戴的帽子，就是新一季具有巴黎时装特色的整体效果。"VOGUE 杂志报道称。

长裙上镶有折叠成花瓣形状的饰片，几件腰部饰有荷叶边的外套穿在筒裙外，十分引人注目。主要配饰包括"侧帽"（"有可能是贝雷帽、盒状帽或头巾——头部的一侧完全被它覆盖，另一侧则露出一团头发或一簇发卷"）和闪亮的大型项链，VOGUE 杂志补充道。

克里斯汀·迪奥后来在他的《克里斯汀·迪奥自传》中写道："这个系列非常疯狂，裙子又宽又长，'新风貌'极具革新意义。这次裙子的用料很多，裙长一直到脚踝。女孩们可以感觉到自己的衣服和童话故事中公主所拥有的别无二致。"

"黄金时代似乎又来临了。"迪奥先生继续说，"二战早已结束，眼下也没有战争的威胁。奢华的材料、厚实的天鹅绒和锦缎的重量又算得了什么？当人们感到心情愉悦时，便会浑然不觉衣料的重量。对于习惯了贫乏的人而言，富足太过新奇，无法想象。"

"曲折"与"飞行"

"1948 年春天,'曲折'系列问世,穿上它,人美如画。"克里斯汀·迪奥在他的自传中写道。除了"曲折"系列,迪奥还推出了"飞行"系列,"这款能充分展现出女性凹凸有致的身材,走路时提起身前的裙摆,身后的裙摆自然下垂。"最初的时装系列笔记这样写道。

VOGUE 杂志写道:"迪奥对裙子设计的关注度转向了裙子下部。"该杂志还在其巴黎报道中指出,"迪奥更注重腰部以下而非胸部"和"更青睐美国式的衬衣裙"。

《纽约时报》称该时装系列"光彩照人",并解释说:"丰盈度,不是像最初的花冠礼服那样用衣料叠加而成,而是像帐篷一样稳固地撑开,因为织物(光滑的羊毛、塔夫绸、天然山东绸或柔软的点状斜纹软绸)由硬麻布或帆布支撑着,就像是贴在衬料上面一样。"

"裙子、腰部裙摆式的上衣、宽松外套和中长款大衣的后背挺括舒展,让女性展现出优雅身姿。"报纸继续写道,"但在这个多变的时装系列中,纤细的长裙也占有一席之地。最具轰动效应的是街头连衣裙,身前是古典的,身后有翼状硬物,先是像裙撑般高高凸起,再向下摆逐渐缩小。"

晚装也受到了赞扬。(纽约时报写道:)"新的内衣式晚礼服,包括紧身裙和圆摆裙,将在这一季创造历史……加入瓦朗谢讷蕾丝花边褶饰,从胸前到下摆交替出现,整体覆盖在淡蓝色或粉红色的缎子裙上。"

"插翅"

克里斯汀·迪奥在他的自传中写道,1948 年春天,"'曲折'系列问世,穿上它,人美如画"。而现在,"在冬季,这一特征也在'插翅'系列中得以体现。穿着此系列时装的女性可以尽显青春飞扬的气质。"

"新系列在翅膀的标志下呈现。"最初的时装系列笔记宣称,"这一季,关注点不再是裙子的长度,而是剪裁和重新分配宽松度——不再是松散和起伏的。"

"连衣裙和大衣的式样简洁,垂坠感强,这是因为毛呢面料本身品质高、有分量,而不是靠多余的面料产生垂坠感。"《纽约时报》报道称,"两者在身体前后都有一个深深的倒扣褶,其长度缩短到大约 36 厘米,让它们看起来有一种年轻的律动感。"

《观察家报》指出:迪奥先生"在时装设计里加入了自身的想象力,即有质感的独立的上衣育克、轻盈飘逸的波蕾若外套、高尖的衣领和凸出的袖口,以产生一种飞翔的效果。为了增加更多的运动感,他在短款舞裙外面围上螺旋状的褶皱布料,并称其为'旋风'效果。"这个新的"旋风"(或"飓风")系列的代表作便是这里展示的炭黑塔夫绸"旋风"礼服裙(见右图)。

迪奥还推出了 *Vogue* 杂志所描述的"斜领口"——"紧贴在一侧肩膀上,从另一侧肩膀上吹开",就像这条珍珠灰色缎面"盛会"礼服裙"性感尤物"所示(见 34 页)。

晚礼服同样令人印象深刻,它有着挺立的褶皱。《纽约时报》写道:"有质感的外翻裙在一侧展开,就像扁平的羊角状物一样。这么多的褶子组合在一起,就像打开的书页。由于展开的下摆比裙子的其他部分要短,可以瞥见波纹丝绸或缎子衬里。"

"幻象感"

"'幻象感'系列遵循了两个原则。"克里斯汀·迪奥写道，"一个是凸显女性的胸部曲线，同时顺应肩部的自然曲线；另一个是保留身体的自然轮廓，但赋予裙装以饱满的外形和活动自如的无拘束感。"

"'幻象感'系列完全改变了套装的剪裁。"时装系列笔记写道，"套装的精髓已经改变。即使是传统的款式，也没有对胸部进行塑型，而是使其变得更加柔软。胸部显得丰满，里面并没有巴斯克式紧身胸衣，设计简洁，看不出有明显的口袋。"

虽然套装、大衣和连衣裙上很少有明显的口袋，但它们是"迪奥系列的一部分"，并被用来打造"幻象感"的效果，*VOGUE* 杂志写道，"有袋鼠式口袋，高高地指向胸部；马蹄莲形口袋高于肩膀；一对硬挺的蚕丝口袋构成了晚宴礼服的整个上衣部分。"

裙子也让人产生幻觉。《纽约时报》报道说："迪奥通过一个或多个浮动饰片，使裙子明显缩短，并在直筒裙上不对称地产生一种虚幻的丰盈感。""在迪奥时装上，浮动的饰片就像褶子，每个褶子都是分开的。"*VOGUE* 杂志指出，"浮动的饰片像五朔节花柱上的丝带，在窄裙上摆动。环形饰片像巨大的花瓣，覆盖在紧身的裙底。"

《纽约时报》补充说："除了晚间鸡尾酒礼服，还有款式简洁的衬衣式连衣裙。连衣裙的面料丰富，包括粉红色网眼布、上等细棉布、胸前附带巨大口袋的白色雪纺、金色和黑色蕾丝、黑色羊毛和水钻刺绣的精美绝伦的白色肌理织物。"晚会礼服是唯一一套衣长及地的大衣搭配连衣裙的款式，珠光宝气，引人注目。

"世纪中"

迪奥的 1949—1950 秋冬系列被命名为"世纪中","不依赖过去的灵感,而是从现在开始行动。"迪奥先生告诉《纽约时报》。

"这是非常专业的,"迪奥先生后来在他的自传中写道,"它建立在一个基于材料内部几何形状的切割系统之上。我在前面提到了材料纹理的重要性:在这一时期,我的款式将其运用到了极致。"

"'像剪刀一样'交错或'像风车一样'四散的直裁和斜裁,显现出纯粹属于我们这个时代的风格。"时装系列笔记写道,并强调了面料的对比方式:"罗缎和天鹅绒,天鹅绒和羊毛,缎子和天鹅绒"(或是黑色羊毛和毛皮,如对页上图"街头艺人"套装所示)。

《纽约时报》报道说:"剪刀形在细长的鞘状晚礼服中表现得最为出色。其中一件落地长裙,上身为黑色天鹅绒,下身为黑色绒面呢,两块精致的天鹅绒饰片形成了'剪刀',正好穿过腰带,落到下摆"(见对页右下图)。

还有"风车式的褶裥旋转到侧面或后面,其走向是远离紧身鞘状的礼服。"该报补充道,"时髦外翻的衣领和低胸露肩领也被归在这个风车式类别中。"

"凸起的大三角领围绕着脸部,并向后落下,露出颈背——这叫'风衣'领。"时装系列笔记解释道。

一些大衣和外套的灵感来自"琥珀琅德"牧羊人斗篷的宽松形状,"一种刻意的粗犷和原始的风格。"时装系列笔记解释道,这套大衣搭配连衣裙以安德烈·佩鲁贾(André Perugia)的不对称高跟鞋作为配饰("不对称的、展露纤纤玉足的鞋子与笨重的冬季毛衣形成对比。"VOGUE 杂志写道)。

"高超的艺术性主导了克里斯汀·迪奥的时装系列。"《纽约时报》这样评价,"从开始到结束,结束时展示了一件童话般美丽的裙子,其花瓣式的裙子上绣着饰有宝石的珠子,犹如蜻蜓翅膀般璀璨夺目(见41页"朱诺"裙),这位伟大的服装设计师展示了他对材料的掌控能力。它们听从他的指挥,就像大理石在雕塑家的手中,颜色在画家的笔下一样顺从。"

"垂直"

克里斯汀·迪奥在他的自传中回忆说："1950 年春季的"垂直"系列广受好评，可以凸显女性凹凸有致的身材曲线。（这个系列的服装）胸部很窄，腰部收紧，颜色光彩夺目。"

"专家们一致认为这个时装系列中最大的创新点是迪奥先生对胸部的处理。"《华盛顿邮报》宣称，"大而圆的领子围绕着胸部，有点像燕尾服或马项圈，展现了女性的胸部曲线，里面穿着一件微微开口或系扣的白色或配套材质的抹胸。"

套装是该时装系列的主要元素之一，主要有两种风格：带有硬质巴斯克式紧身胸衣的紧身外套，穿在"围裙"上部（见对页），以及较宽松的箱形"直筒"外套，穿在低褶裙外。"合身外套的前身在髋部略微变圆，形成特色的'马蹄形'开口，开口两边形状相同，硬质的布料略微凸起。"《纽约时报》报道称，"纤细的围裙前部平坦，下摆处呈圆形。"

在上一季向牧羊人致敬的时装系列（见 38 页）之后，直筒和宽松风格的短大衣和夹克的灵感来自"水手和水手服的休闲优雅"，时装系列笔记解释道。海事主题也影响了调色板，海军蓝、白色和黑色成为主色调。

"紧身短外套和波蕾若外套几乎完全消失了。"时装系列笔记继续说道，部分被丝绸防尘外套所取代，如"吉祥物"款式（见 44 页左上图）。

"尽管 1950 年的时装让人想起了早期'30 年代'的时装，但大多数裙子只是前片呈钟形，后片则刚好触及地面。"《纽约时报》指出，"整件礼服由五彩缤纷的亮片或一排排细碎的粉红色瓦朗谢讷蕾丝花边组成。"通过他的晚装作品，克里斯汀·迪奥开始强调"那种'点石成金'的品质，这是巴黎女装的特点"。迪奥"也回归到了法国高级定制时装注重的精致细节和绝妙工艺上。"《纽约时报》如是说。

"长度、宽松度、刺绣、闪亮的面料——一切灵感都来自对童话般变化的渴望，这与日装的刻意简约形成了鲜明的对比。"时装系列笔记说道，"这些服装都是以音乐家的名字命名的，我们希望它们能像音乐一样大音希声。"例如，在伦敦萨沃伊酒店举行的系列特别发布会后，克里斯汀·迪奥身边的模特所穿的礼服裙"莫扎特"和"李斯特"（见 45 页下图右一和右三）。

"倾斜"

继上一个"垂直"系列（见42页）之后，克里斯汀·迪奥将这个时装系列命名为"倾斜"——"一种更复杂的剪裁方式"，迪奥先生在自己编撰的时装系列笔记里写道。

以对页展示的大衣搭配连衣裙套装"埋伏"为例，穿着"倾斜"系列的女性整体造型为："头部小，脖子细长，肩膀低垂，胸部丰盈，腰身纤细，胸衣紧身和裙子宽松"。《纽约时报》指出，"口袋很大，垂直挺立，袋盖较深，凸显翘挺的臀线"，而纽扣通常以倾斜方式排列。

还有一系列被迪奥命名为"立领"的高领设计，*VOGUE*杂志评论道："迪奥的领子……裙子、大衣或套装上的硬质披肩领极大，有时可当作围巾系于腰部。大衣上有巨大的翻转式围巾领，可遮住耳朵。"

衬衣裙被完全摒弃，但迪奥推出了喇叭形的羊毛连衣裙（见右图"压块"连衣裙），以及正如时装系列笔记所解释的，"一系列完全采用斜褶的连衣裙，或宽或窄，像褶裥一样环绕身体"。

《纽约时报》报道说："大多数帽子都很小，帽檐在眉端上方，套装需要搭配改良的小礼帽，连衣裙和大衣搭配的是有垫层的无檐女帽，而长披肩则搭配'小圆饼'，服贴的布帽搭配挂在两肩的长围巾。"

迪奥先生还推出了他称之为"迪奥发髻"的造型（引用《纽约时报》的话说就是"用网或薄纱卷成的小金字塔型装饰……直接置于额头上方"），一些展示大衣搭配连衣裙晚间套装的模特就顶着这种发髻（见49页）。

克里斯汀·迪奥后来在他的自传中写道："至于晚礼服，它们表达了对奢华、平静、幸福和美丽的渴望，这是当时人们对时装的追求。""所有的衣服都是及地的，"时装系列笔记说道，"对它们来说，无论多么奢华都不为过"，大量使用罗缎、缎子和塔夫绸，以及"大量的薄纱和蕾丝"。

"自然"

克里斯汀·迪奥的"自然"系列围绕一个中心主题：
"椭圆"。"椭圆的脸部，椭圆的胸部，椭圆的臀部：
这三个叠加的椭圆形最确切地表达了 1951 春夏系
列，其剪裁方法必须完全更新，以遵循女性身体的
自然曲线。"时装系列笔记解释道，"1951 年的一切
时装设计都围绕这些微妙的曲线展开……柔软而不
松散，简单而不枯燥。"

VOGUE 杂志报道说："迪奥先生给有衬垫和褶皱
的时装起名为'新风貌'。他拒绝使用任何衬垫和硬
质材料，只在褶皱紧贴凹陷的身体部位时才使用褶
状物。迪奥先生精心制作了带有内裙的椭圆形套裙，
穿着者可以行动自如，因为他在内裙后面添加了最
轻盈的三角形布料，这对苗条的身材没有任何影响，
但却给了穿着者极致的舒适体验。"

路透社指出："迪奥的时装系列以灰色为主色，从
牡蛎灰到大象灰，深浅不一。女性着装时的身体廓
形分为三个椭圆形，第一个是由向后梳的长发和一
顶向下弯曲的帽子形成的，第二个是由圆润的肩膀
和宽松的袖子形成的，最后在腰部正常收紧，第三
个是由一条臀部丰满、逐渐向裙摆收拢的裙子形成
的。"

西服套装、外套和连衣裙采用了迪奥新的"鸡腿形"
袖："袖子通过一条弯曲的接缝蜿蜒向前，但袖子前
后是一体的。七分袖，从上臂到前臂渐渐变窄。"《纽
约时报》写道。

最新的外套是无领的"宽外套"——"一种设计灵
感来源于中国的箱形带斗篷厚大衣。"*VOGUE* 杂志
写道（见对页上图）。《纽约时报》报道说："有很多
长度及臀的宽松外套，其上部似乎比下摆更宽松，
这些外套的用料从米色花呢，光滑的灰色、黑色或
海军蓝色毛料到山东绸，应有尽有。外套里，吊带
连衣裙外穿着一件长度刚好覆盖胸部的紧身波蕾若
外套，或者是一件深椭圆形领口的紧身针织短上衣。
锁眼形领口由一个小的带状领口形成，其两端与 V
形或椭圆形领口的两端合为一体。"

然而，正式的晚礼服"具有特意设计的、与众不同
的外观，完全打破了人衣褶搭配连衣裙日间套装低调、
保守的风格。"时装系列笔记说道，"它们的名字取
自戏剧，因为我们想一一赋予它们幻想、大胆和技
巧。"

"修长"

"继'椭圆'系列（见50页）……取代了'倾斜'系列（见46页）之后，最终我推出了'修长'系列，这是所有系列中我最喜欢的。"克里斯汀·迪奥在他的自传中写道。

"从帽子到鞋子，这是一种全新比例的衣着廓形，是对前一个时装系列演变的总结。"最初的时装系列笔记宣称，"'幻象感'和投机取巧已经过时了。时尚要求的是自然和真诚。摒弃装饰品，通过剪裁塑造裙子和套装。

"人们的注意力集中在被褶皱遮盖的柔软的胸部，这里出现了两条背道而驰的线条——以接缝或省道的形式，从胸部延伸到裙摆，裙子明显变长了，最大限度地展现出苗条纤细的身材：这就是'修长'系列。"

"克里斯汀·迪奥将裙子加长至覆盖小腿，并将外套的装饰下摆长度缩短至十几厘米或更短，从而让下面的裙子看起来更长。此外，2月份试探性地推出的略微宽松的裙子，现在成了主打款。"《纽约时报》报道称。

"高高的护背带、丰盈的塔夫绸大衣，以及裙子上方光滑的紧身胸衣，都使人联想到督政府时期衣着款式的高腰线。当然，自然腰线总是存在的，往往是由公主线形成的。同样暗示高腰线的还有从早到晚一直穿在连衣裙外的波蕾若外套。"

VOGUE 杂志指出，大衣搭配连衣裙套装搭配了佩鲁贾为迪奥先生设计的全新"柔软结实的古巴式高跟浅口鞋"，而晚装通常搭配波蕾若外套或围巾，并装饰有丰富的刺绣（与日间套装和礼服更简洁的审美形成对比）。

"蜿蜒"

"1952 年从一开始就是一个严肃的年份——这一年，世界局势动荡……时装摆脱了'新风貌'的兴奋和过去的俗艳。时尚的新本质应该是谨慎的。"克里斯汀·迪奥后来在他的自传中写道。

"这就是为什么我在 1952 年春天提出了'蜿蜒'系列的设想，用这一季的柔软来接替冬天的严酷，以表明这一次的时尚是合乎逻辑的。衬衫和毛衣成为该时装系列的主打款式，其色系介于自然色和灰色之间。同时，腰部变得更加宽松。开启了通往'箭型'系列（见 90 页）的道路——这正是新风貌的对立面。"

这个时装系列的廓形"让身体完全自由，动作完全自如。"时装系列笔记说，"几乎没有窄裙。裙子从臀部向外扩张，形成大量的褶皱，不妨碍行走。"

《华盛顿邮报》报道说："运动衫式连衣裙是一体式的，上身与臀部周围的带状饰物或翻边相连。虽然腰部没有接缝或腰带，但通过省道收窄腰身，衣服的线条随着身体的自然曲线起伏。"

《纽约时报》指出："华丽的晚装秀上各式各样的时装纷纷登场。绣花欧根纱紧身连衣裙适度宽松；无肩带的运动衫式连衣裙的上身与层层叠叠的薄纱裙摆相拼接；塔夫绸或蕾丝的钟形裙前短后长，裙摆曳地；最后，还有维多利亚时代中期的克里诺林式裙装，尽显奢华。"

克里斯汀·迪奥写道："两季前我以音乐家（见 42 页）的名字来命名晚装，现在又以作家的名字来命名。这种命名法在工作室里引起了一些奇怪的对话……在摆放时装的试衣间里，一个模特儿会怒声惊叫道，'小心别弄皱莫里斯·罗斯坦'，或者'不要这样踩踏阿尔伯特·加缪'。"

"流线型"

"这个秋季的时装从现代技术中获得灵感,推出了'流线型'系列。"克里斯汀·迪奥写道。"流线型"系列的灵感来自"现代生活中各种物品的形状",它的精确度"不再遵循直线,而是顺应经过精心提炼和剖析的自然曲线",时装系列笔记解释道。

"连衣裙在不破坏廓形的情况下使女性显得身材苗条、个子高挑,裙子的长度也证实了这一点,这一季的裙子比上一季长 10 厘米……无论是宽还是窄,连衣裙的轮廓都像飞机或汽车一样生动而精确。连衣裙根据身体塑型,其首要目标是瘦身纤体。"

"迪奥先生独树一帜,强势推出'流线型'系列,其塑型结构,加上高领、长裙、腰部纤细无拼接,使穿着者看起来身材比实际更修长。"*VOGUE* 杂志报道称,"线缝的设计就像一门建造美丽建筑的课程。他的衣服为女性增光添彩,这一点是仅靠女性自身的身体条件很难做到的。他称之为'流线型'系列,并不拘泥于一种'流线型',而是勾勒出许多廓形,通常黑色肯定是主打色……此系列完美苗条的廓形是按照理想的身体曲线来设计的。"

"迪奥称腰线为'无拼接',并没有在腰部系带。任何地方都没有人为强调的痕迹,剪裁如此完美,外观如此合身,简直无法用语言将高紧领、光滑的长袖和前胸中间纽扣的简洁恰如其分地描述出来。"《纽约时报》回应说。

布满刺绣的晚礼服(这些礼服给拉夫·西蒙带来了灵感,他在为迪奥高级时装屋设计第一个时装系列时,将其变成了与黑色直筒裤搭配的紧身胸衣,见 528 页)遵循同样的流线型方法。

"郁金香"

1953 年春天，"郁金香"系列问世，"标志是更关注胸部的设计以及缩小臀围。"克里斯汀·迪奥后来在他的自传中写道，"渐渐地，几乎不太关注腰部的设计了。"约翰·加利亚诺 2010 年的"花漾女性"系列（见 498 页）的设计灵感便来源于"郁金香"系列。

"通过娴熟的剪裁和对材料的处理，克里斯汀·迪奥对胸部的设计更驾轻就熟，赋予了胸部设计新的重点，非常合体但又很柔软。"多萝西·弗农（Dorothy Vernon）在《纽约时报》上写道，"他把这个模式化的系列称为'开放的郁金香'。"

特别是在套装方面（见 64 页），"郁金香剪裁的曲线就在胸部以下，然后线条像花瓣一样，向上、向外扩展到肩部。"弗农继续说道，"当然，从人体的胸部往下是郁金香的茎，衣服形成了花茎的廓形，公主线遵循身体的自然线条，没有特别强调腰线，外套的下摆紧贴身体的自然轮廓，遮住了臀部。"

然而，新系列被改良了，因为"由于褶裙的丰盈度，需要缩小连衣裙上衣部分的比例"（引用时装系列笔记的话来说），因此偶尔会通过其他方式强调上半身。"除涡旋状的褶皱印花连衣裙需要将上衣设计成平坦的衬衫领样式外，用柔软的黑色丝绸和羊毛混纺面料、雪纺或绉绸印花面料制成的时装，都是由一块三角形披肩前后交叉后垂在纤秾合度的中腰和直筒裙之上，来强调其胸部设计的。"《纽约时报》报道称。

"但此时装系列的美丽不仅取决于结构，还取决于面料和色彩：明艳的黄绿色春意盎然，柔和的黄色、玫红色、玫瑰色、花青色、黑色、米色和灰色，混合印象派图案的精致印花。"该报纸补充说。

色彩借鉴了三个主题，该时装系列笔记指出："印花的灵感来自印象派，让人想起了雷诺阿和梵高所珍视的花田；印花的色彩和图案借鉴了波斯的细密画（约翰·加利亚诺在他为迪奥高级时装屋设计的时装系列中会再次运用这一主题，见 310 和 478 页）；大树枝上盛开花朵的灵感则来自中国"（比加利亚诺以中国风为主题的作品早很多年，见 266 页）。

"生动"

《曼彻斯特卫报》报道说："本季的巴黎故事扭转了裙长的一贯趋势——在毫无征兆的情况下，迪奥革命性地将把时装系列的裙子延伸到了膝盖以下，设计灵感来自巴黎建筑的轮廓线，其中纤细的廓形来自埃菲尔铁塔，而丰满的廓形来自荣军院。"

迪奥的新系列名为"生动"，有两个新的时装廓形："埃菲尔铁塔"和"巴黎的圆屋顶"系列。

"圆屋顶"的廓形在连衣裙和大衣中的运用最为明显。"穹顶裙都非常简洁，扣子扣到圆领领口，短袖简朴实用。"多萝西·弗农在《纽约时报》上指出，服装设计师"给它起了这个名字是因为从纤细的腰线向下，短裙裁剪成六片或八片三角形布料，在臀部上方弯出圆顶的轮廓，完美光滑。"

弗农指出："一件这样的短大衣搭配这么一条硬质喇叭裤，就会显得长宽比很和谐。"VOGUE 杂志在那一年的版面上详细介绍了迪奥的"圆屋顶"大衣（"圆润、厚实，从领口到下摆形成了一条长曲线"）。

"埃菲尔铁塔"系列的礼服更窄，从纤细的腰线巧妙地延伸到下摆。《纽约时报》写道："礼服的修长比例也因其长度缩短而改变。公主裙从后面扣上纽扣，而前面则轻柔地沿着中腰塑型，直至胸部下方的横缝……只有领口不同，日装的领口是高领、圆领和无领，晚装的领口以宽 V 领或一字领延伸到肩部。"

"我一直在寻找改变女性普遍吸引力的方式，想让女性的廓形更加生动。"克里斯汀·迪奥写道。"衣料应该贴合穿着者的身体轮廓"，在这个时装系列中，衣服"都是关于运动和生命的"，时装系列笔记如此解释道。

迪奥先生告诉美联社，人们陷入对短裙摆的狂热和震惊中，而忽略了另一场"革命"。"我第一次摒弃了束腰紧身衣，甚至连舞蹈裙也是。"他说，"我还摒弃了腰部缝线，采用公主线，把裙子裁成一片式。两年来我一直想取消腰带，现在已经做到了。"

这个时装系列也标志着模特们第一次穿上了新成立的克里斯汀·迪奥·德尔曼公司制作的鞋子，该公司由罗杰·维威耶（Roger Vivier）创立和指导。

"铃兰"

"1954 年春天，我推出了'铃兰'系列，灵感来自我的幸运花，这个系列既年轻、优雅又简洁，它的颜色——巴黎蓝赋予了它统一性。"迪奥先生在其自传中解释道。

"据迪奥先生说，铃兰元素指的是整体的灵感：用布垫做帽顶的平顶帽形成头部轮廓；连衣裙上身柔软宽松，腰部紧束，裙子柔美，让人联想到这种温柔的春日之花低垂的花朵。"菲利斯·希思考特（Phyllis Heathcote）为《曼彻斯特卫报》写道。

"新的时尚告别了公主线（见 66 页），驶向新的大胆革新。"时装系列笔记宣称，"年轻、柔顺和简洁，就像它所象征的花朵一样"，新的春季造型倾向于为现代女性提供轻松的"从午餐到晚餐"的大衣搭配连衣裙套装。

"在不改变裙子长度的情况下，克里斯汀·迪奥放弃了公主线，转而采用了基于海军领衬衣式连衣裙的柔美廓形，上衣轻轻垂落在圆环状的无塑型腰带上。"《纽约时报》报道，"宽松的连衣裙以印花雪纺制成，为其柔和外观锦上添花的是分体式三角形披肩和带有艺术气息的飘带，它们飘荡在身后，形成连帽斗篷的样式。"

蓝色是这个时装系列的明星颜色，还有黑色、灰色、白色、淡紫色和"牵牛花"粉色。印花和刺绣图案的灵感来自鲜花、花园、果园和含苞待放的花枝，从日装裙子和配套帽子上的印花到富丽堂皇的晚礼服上的刺绣，这些装饰图案无处不在。

关于他的公司，迪奥先生在他的自传中指出："迪奥公司成立已有 7 年之久，现在已经很成熟了。公司现有 5 栋办公大楼，包括 28 个工作室，雇用了 1 000 多名员工。"

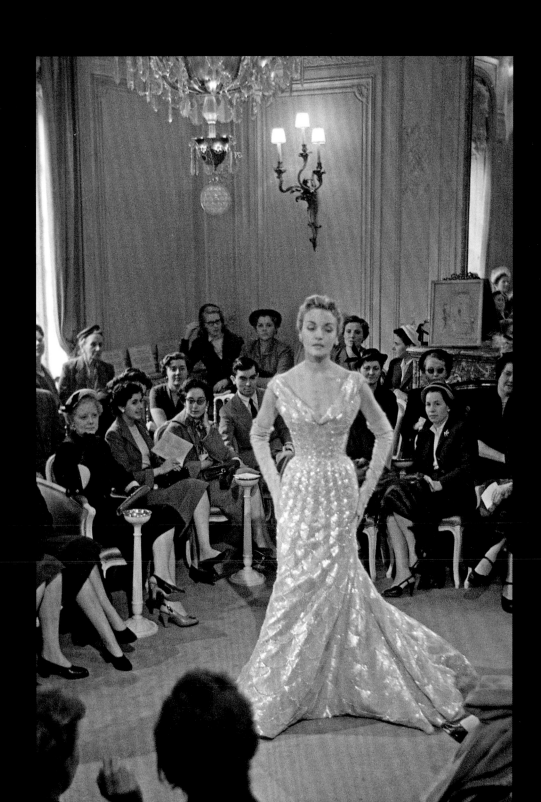

"H" 系列

在最初的时装系列笔记中，"H"系列被描述为"以臀部为基础的廓形"，被迪奥先生定义为"一种完全不同的系列，基于胸部拉长和缩小的廓形：裙子、套装和大衣的廓形正是基于大写字母 H 的两条竖直平行线而设计的"。

该系列服装在胸部剪裁得很高很宽松，腰部设计了口袋或腰带，并从髋部上方向下垂落，迪奥先生实现了"这种将时装从胸部一直拉长至臀部的效果，这就是本季的最大亮点"。

他写道："如果要为今天女性的苗条身材在过去找一个类比，那就是枫丹白露画派的仙女们的身材——亨利二世时代的'H'系列。"亨利二世是 400 年前1547—1559 年期间统治法国的国王，他在枫丹白露城堡的宫廷欣然迎接弗朗索瓦·克鲁瓦（François Clouet）等艺术家。弗朗索瓦在画布上捕捉到了当时理想的美，画出了苗条、高胸的贵族美女——最著名的也许是国王的情妇黛安·德·普瓦提埃（Diane de Poitiers）。

1555 年和 1955 年的时装"同样热爱风尚和纯粹，同样热爱优雅和修长，同样热爱含蓄和青春。"迪奥先生写道。

艺术上的相似之处延续到精致的鞋子、新的"华托鞋跟"和服装设计师对颜色的选择上，日装用明亮的"维米尔蓝"，晚装用暗淡的"枫丹白露蓝"和"维米尔明黄"，还有"与高级时装屋新口红色调相匹配"的红色和粉红色。

"'H'系列标志着从 1952 年解放腰部（见 56 页）开始的时尚演变的终局。"克里斯汀·迪奥后来在他的自传中说，"几乎在第一时间，这个新系列就被称为'扁平外观'，但我从来没有想过要创造一种扁平的时装，这会让人们想起红花菜豆。"

VOGUE 杂志对此表示赞同，在其巴黎的报道中认为"迪奥非但没有使胸部扁平化，反而使其显得更漂亮；使其隆起，使其圆润，使其具有充满魅力的青春气息"，并称赞"迪奥新的晚装系列廓形清晰"，如"扎伊尔"（见对面）和"阿玛迪斯"（见 80 页右图）等大衣搭配连衣裙套装就是例证。

最后，"当压轴的一款迷人的新娘礼服（见 81 页）出现在迪奥的展厅时，一片欢声雷动……人们欢呼雀跃，因为这无疑是克里斯汀·迪奥自他的第一个新风貌成名以来最好的系列。"《纽约时报》报道。

"A"系列

时装系列笔记称："春装的廓形以更为自由、舒展的线条取代了冬装的严谨和'H'系列的平行线（见74页）。这一廓形可以用大写字母A完美诠释，它在结构上与大写字母H非常相似，不过其主要特点是两条斜线的曲折变化。两条斜线之间的夹角使得其本身处于无限的变化当中。"

时装系列笔记还指出："简言之，总体廓形的改良显而易见，但尚未彻底改变，仍然可以变化无穷。如果说胸部位置看上去仍是拉长的，而这正是其主要特点，那么实质上'A形'中间的横杠是可移动的，尽管宽松的、略有起伏的腰部仍处于自然状态，并未过多强调腰身……腰部的设计是今年春装的一大亮点，正如春季的天气一样多变。"

时装系列笔记称，"有很多短裙，还有腰带——字母A的中间笔划，是这个时装系列的理想象征"，而"外套与连衣裙组成的套装则成为白天的典型穿搭"。"'A'系列外套从窄肩向指尖处的衣摆延伸，侧面开扣凸显了廓形。"《纽约时报》称，"百褶裙或者灯罩裙延续了字母A向外倾斜的笔划。"

"A"系列发布于晚装作品发布会上（该系列在巴黎首次亮相数月后，又作为苏格兰时装秀慈善活动的一部分进行展示，见84页），以许多短裙、长及脚踝的晚礼服以及华丽的刺绣为特色。时装系列笔记称："我们之前从未大量使用过它们。晚会礼服简洁的线条与加在其上的诸多奢华元素完美契合。它们既低调又壮丽，它们的主题可以在特里亚农宫找到，也可以轻易地在印度找到。"

《曼彻斯特卫报》报道称："迷人的宫廷风晚礼服由好几层丝质蝉翼纱制作而成，唯一的点缀是胸部下方的一根丝带。其他晚礼服有的饰以花卉藤曼，有的用金银刺绣，熠熠生辉，轻盈优雅，浑然天生，犹如波提切利（Botticelli）笔下的维纳斯。"而*VOGUE*杂志则赞美"迪奥缎裙上的白色蝉翼纱"作为"迪奥的'A'系列中的作品，是自毕达哥拉斯以来最精致、最漂亮的三角形"。

"Y" 系列

最初的时装系列笔记称："又是字母表中的一个字母，这次是 Y，它传达出了新时装系列的关键特色。这是反对长紧身衣、太过宽松的低腰设计和似帽非帽的标志。'Y'系列将证明，下个时装系列会进行改良，这一点从上个时装系列就能预测到（见 82 页）。具体表现为：腰部趋于狭窄，腰线位置抬高。几乎所有的裁剪技巧都强调把重心放在胸部的位置。

"胸部位于高处，从'Y'的两翼之间向外舒展，直至自然小巧的双肩底部。袖窿采用一种新的设置方式，以期更加清楚地界定 Y 字形。腰部纤细，却并不紧勒，腰部位置仍保持自然，但有抬高的趋势。裙子，即'Y'的支柱，长度已达到极限。

"宽松大衣和均码外套，尤其是'男礼服'短外套，体现了设计师提升时装丰盈度的意愿，从而让日装连衣裙和短大衣适合日常穿着。带有纽扣的宽大围巾配上连衣裙式外套风靡一时，印证了上述趋势（见右图'吉尔吉斯'和 87 页'旅行者'）。

"在朴实无华的日常服装和长短不一的晚礼服之间没有什么过渡。尽管晚礼服是当时的时尚主题，却令人浮想联翩，尤其是在短裙方面。除了个别百褶裙，所有短裙都比较窄，适合白天穿着。只有到了晚上才会出现宽摆裙，有些晚礼服犹如全新的降落伞一样，非常蓬松（见 89 页下图）。

"短款晚礼服与上一季相比短了很多，很多罗缎裙聚成团状，塞起来、挽起来或者使其蓬起来，凸显出土耳其的时装风格。"时装系列笔记补充道。"本季巴黎的东方风味在迪奥的时装系列中达到顶峰，"《纽约时报》报道称，"侧面开衩的对襟外套，手臂下方的扇形褶皱镶条以及后背或侧后方系扣的束腰外衣，都体现了东方元素。"

《纽约时报》还指出："迪奥所有的帽子都戴得很低，紧贴额头，有些甚至触及眉毛。这些帽子帽檐高低不一，有羽毛帽、贝雷帽、手鼓帽、东方头巾、波斯帽和平顶帽。"

"箭型"

时装系列笔记为"箭型"系列命名时称："借着上一季的势头，本季时装系列的省道犹如一支箭直冲目标——高腰和箭型袖窿。"

"袖子从颈部到袖底形成一条直线，用两条斜线盖住了直筒廓形，同时通过剪裁技巧，采用褶皱或悬垂、半腰带或全腰带，使这个廓形在胸部下方凹陷出一个字母 'F'。F 是单词 femininity（女性）和 flêche（箭头）的首字母，代表柔软的曲线，也代表身材高挑、苗条。

"宽松外套在这一季发挥引领作用，因为裙子加宽松外套的组合已经取代了公主裙。这个组合将庄重与柔软相结合，适合在任何时间、任何场合穿着。

"套装长度刻意缩短，刚刚及腰，但这并不是为了凸显腰部。外套稍长一些。披肩、娃娃领或西装领都距脖子很远。正是袖子和后背宽松的裁剪手法赋予了这些套装全新的廓形。"

时装系列笔记还写道："酒会礼服和晚礼服的大圆摆仍然秉持相同的设计原则，起于或偶尔高于腰部，并向外充分舒展。大圆摆的设计总是和布料的纹路保持一致，从未偏离。"

VOGUE 杂志称赞迪奥新的"卡拉可"式外套（"长及腰部，在腰带上方折叠，看起来柔软如衬衫"）和该品牌的新廓形："腰身位置颇高，腰间束带，裙身丰盈。新的迪奥系列创造出柔和的高腰线，在春装中占据重要地位。"

时装系列笔记指出："腰带的数量与上一季相比多得多，发挥了重要作用。腰带不是为了束缚腰部，而是为了展现高腰。腰带与裙子的褶皱完美搭配，通常在上面还会系上一个结。"

至于晚装，《华盛顿邮报》指出其一大主要趋势是："从高腰线开始的紧身长款连衣裙。它由轻盈的薄纱制成，非常漂亮，质地较硬的满绣钟形裙礼服塑造出梨形身材。时装模特穿过时装沙龙时，后背的饰片像披肩一样飘在空中，环绕着肩膀和手臂"（见 93 页）。

"深情"

伴随着迪奥"深情"的秀台亮相，时装系列笔记如此宣称："看到这个系列大部分款式的廓形时，首先映入我们脑海的便是磁石。"

帽子有一个高高的圆顶，紧贴太阳穴处。胸部呈圆形，而腰部则比较合身。裙子臀部位置丰满，往下逐渐收窄。"深情"实际上是贯穿整个时装系列的主旨。

《纽约时报》报道称："（迪奥先生）在字面上使用了'深情'一词，并以马蹄形为基础设计了新的廓形。弯曲的顶部形成了肩线，圆形的侧面与起伏的臀线相呼应，狭长的两端与细窄的下摆也同样如此。"而《纽约先驱论坛报》的尤金妮娅·谢泼德（Eugenia Sheppard）表示："如果画三个马蹄形的磁铁，一个一个地摆起来，最小的放在最上面，就能理解这个廓形的创意。"

时装系列笔记称："袖子的设置不落窠臼。袖子的位置非常靠后，有时真的在后背形成一个育克，围绕肩部成为磁石形，但是并未过分强调肩部的宽度。

"套装的另一个创新之处在于裙子。紧身连衣裙几乎已不再出现，裙子采用荷兰风的式样，或宽或窄，几乎都在短款紧身衣下方的臀部位置舒展开来。"

关于这一点，时装系列笔记进行了阐释："与套装一起出现的还有各种大小和造型的外套与披肩，有时两者合二为一。披肩是本季的突出亮点。宽松款的大衣也采用了这种披肩风格，并以各种方式加以调整。"

迪奥晚装大多为短款或及踝长款，与之前的大衣搭配连衣裙形成鲜明对比。尤金妮娅·谢泼德评论道："迪奥日装就像晚装一样厚重和严实。对于晚餐服，迪奥令世界上最迷人的颈部线条重现。低胸露肩裙看起来就像是在快要从肩部滑落之前被一把抓住一样，袖子又长又紧身，搭配天鹅绒阔边帽或黑色薄纱制成的水手帽。"

主打色是"黑与白，以黑色为主。"迪奥品牌宣布，"这一季黑色的"深情"系列比棕色更受欢迎。后者有时会呈现出地衣般的色调，在栗色和绿色之间变化。"

"自由"

《纽约时报》报道："恰好在十年前，克里斯汀·迪奥以'新风貌'一举进军时装界。这些年来，名声既没有改变他的性情，也没有削弱他的才华。在时装发布秀结束时，迪奥先生笑着说：'今年我改变了时装的基调。到目前为止，这是我所设计的最年轻最新颖的作品。在生活中，我们比以往任何时候都需要幸福和快乐，而我今天则试图满足这一需求。'"

时装系列笔记称："这一季的时尚特意选择了自由风。"该系列被称为"自由"。领口线是自由的，或多或少远离颈部。腰线是自由的，腰间或是松松地盘绕着一些面料，或是松松地扣上一条皮带。裙子是自由的，或宽或窄，都给人宽松的感觉……长度是自由的，基本上根据时间和样式而变化。

时装系列笔记称："日装首先要适合日常穿着，通常是两件套，包括一件'水手服'和一条裙子，可以像套装一样在户外穿着。"裙子"有时会有明显的长款倾向，特别是紧身连衣裙，裙底几乎都开衩，让人完全活动自如"。而"对晚装来说，紧身连衣裙一条比一条长，有的甚至长及脚踝。"

VOGUE 杂志还特别提到了迪奥的紧身式开衩连衣裙（被称为"中国旗袍"），这款衣服适合傍晚和夜间穿着。迪奥和兰文－卡斯蒂略（Lanvin-Castillo）两位设计师选择的主题源于东方，但又具有西方特色。

VOGUE 杂志在其关于巴黎时装系列的报道中还称："巴黎的每家高级时装店都有非常漂亮的白色晚礼服。在迪奥，除了中国旗袍之外，还有带状白色蝉翼纱制成的窄裙。双层的蝉翼纱围巾触及地面……白色网纱连衣裙星星点点，三角形披肩垂至腰间，裙摆宽大，长及脚踝，配套穿着的是亮粉色的舞鞋，额头上方的头发里面还戴着白色的小蝴蝶结"（见97 页图）。

许多晚礼服以短短的拖尾裙为特色（见 100 页），正式的晚会礼服中有一条由白色蝉翼纱制成的"西班牙"曳地长裙（见 101 页），荷叶边的刺绣金光闪闪，得到了英格丽·褒曼（Ingrid Bergman）的青睐。1958 年，英格丽·褒曼正是穿着迪奥的这款裙子参演了斯坦·多南（Stanley Donen）导演的电影《钓金龟》（*Indiscreet*）。

"纺锤"

"纺锤"是克里斯汀·迪奥为他的同名品牌设计的最后一个系列。就在设计完这个系列几个月后,他意外离世。

时装系列笔记称:"日装的新廓形可以用纺锤的两条曲线来概括,曲线形成的拉长效果增添了优雅的气息,而略微收短的裙长又抵消了拉长的缺点。

"(套装)特意设计得很宽松,但是廓形却依然顺应胸部的线条,在胸部下方镂空,后背则保持笔挺的状态。"

"日装的低腰上衣和窄底裙使人联想到'(20 世纪 20 年代)时髦女郎(flapper)'时代。"《华盛顿邮报》写道,"许多紧身式晚礼服以串珠和流苏装饰,比如名为'海中女神'的晚礼服 [见 104 页上模特展示和 105 页上观众席中杰恩·曼斯菲尔德(Jayne Mansfield)穿着的短款晚礼服],即使是波拉·内格里(Pola Negri)穿上也会觉得很自在。"

时装系列笔记补充道:"只有少数模特的着装受 18 世纪启发,采取了不同风格,日装和夜间礼服的廓形保持一致。对大多数模特而言,衣服的胸部位置紧身,通过裁剪使其产生低腰的效果。饰有蝴蝶结、褶皱、搭配底裙的低胸款式晚装漂亮迷人,与朴实无华的日装完全不同。"

《纽约时报》报道:"最有趣的(裙子)是上身紧致硬朗的钟形裙。迪奥先生的灵感来自 18 世纪的法国宫廷美女,例如玛丽·安托瓦内特(Marie Antoinette)、杜贝里夫人(Madame du Barry)和蓬帕杜夫人(Madame de Pompadour)。领口的设计十分别致,观众们不止一次发出惊叹。令人难以置信的是,迪奥在领口上构思出了很多新的变化。"

VOGUE 杂志报道了它所称的"迪奥极致",将"20 世纪 20 年代风格的掩饰身材"("迪奥的无腰线造型")与"世纪之光"("裁剪程度不同于以往的低胸露肩"连衣裙)相提并论。

VOGUE 杂志编辑杰茜卡·戴维斯(Jessica Daves)写道:"在这个新系列中,迪奥先生展示了他的两项杰出才能:一是他掌握了画家兼建筑师的抽象设计能力;二是他有赋予女性柔美特质的天赋(这正是他在 1947 年大获成功的基础)。新时装系列是一个极致系列,既有宽松的连衣裙、外套和套装,又有合身的上衣……以及如云朵般轻柔的短裙。整个系列始终保持完美的专业技艺,在某种程度上解释了迪奥为什么能持续辉煌。"

伊夫·圣罗兰

时尚先锋

1957 年 10 月,克里斯汀·迪奥去世,享年 52 岁。法国举国悲痛,迪奥公司也陷入危机。谁能接替这位伟大人物? 谁能胜任这项工作?

1957 年 11 月 15 日,答案出现了,他就是伊夫·亨利·多纳特·马修 - 圣 - 罗兰(Yves Henri Donat Mathieu-Saint-Laurent),迪奥的前助手之一。时年仅有 21 岁的他看起来弱不胜衣、难堪重任。但谁又能猜到,许多后来以迪奥为名的作品都出自他手(1957 年秋冬系列中有 35 件他的作品,比之前任何一位迪奥助理创作的作品都要多)。事后看来,这些设计,特别是衬衣式连衣裙,虽然保留了创始人的风格,但结构轻巧,富有青春活力,彰显了服装设计师的独特风格。他的名字很快就被简化为伊夫·圣罗兰,以便强调他作为天选之子的角色——一个天资聪慧的救星。

1958 年 1 月,在伊夫完成迪奥时装系列首秀后,法国《费加罗报》报对他赞不绝口,称他拯救了法国。人们异口同声赞美圣罗兰称之为"空中飞人"的时装系列,这个时装系列是对他前一季广受好评的衬衣裙的改进。他说 :"准备这个系列时,我完全处于兴奋的状态。我知道我将会扬名立万。"

伊夫·圣罗兰于 1936 年出生于阿尔及利亚的奥兰。他父亲拥有一家连锁电影院,他的家庭是富裕的资产阶级,有着相当深厚的社会关系。圣罗兰的母亲吕西安(Lucienne)很宠爱他,鼓励儿子培养艺术方面的兴趣。最初,他想成为一名戏剧服装设计师,但逐渐地他对高级定制服装更感兴趣,开始为他的母亲和姐妹们创作时装设计稿和设计裙子。1954 年,17 岁的他游访巴黎,遇到了时任法国 *VOGUE* 杂志主编的米歇尔·德·布伦霍夫(Michel de Brunhoff),其很欣赏圣罗兰的才华。第二年,在获得学士学位后,圣罗兰搬到了巴黎,在法国巴黎服装工会学院学习。同年,年仅 18 岁的他在著名的国际羊毛秘书处举办的比赛中一举斩获了七个奖项中的三个大奖。

1955 年 1 月,德·布伦霍夫对圣罗兰的时装设计稿印象深刻,认为这些画与尚未发布的 "A" 系列之间有很高的相似性。在他的举荐下,迪奥为年仅 18 岁的伊夫·圣罗兰提供了一份工作。

早熟且才华横溢的伊夫 · 圣罗兰开始了他的职业生涯,继续着迪奥先生开创的事业。但是,他不顾这家受人尊敬的高级定制时装屋的种种限制以及客户的期望,彻底改变了服装的长度和轮廓,打破了时尚界的潜规则,即在一个季度内,下摆改动不得超过 5 厘米。如果说迪奥创造了独一无二的"新风貌",那么圣罗兰每一季都会带来一场革命性的变化。现在回想起来，他的想象力非常丰富，源源不断的创造力令人激动。事实上，这令整个行业、迪奥及其客户都感到振奋。

克里斯汀·迪奥先生最大的成就和成功来自他对时代作出的反应，而圣罗兰则是一位时尚先知。他的 1960 秋冬"柔韧、轻盈、活力"系列不仅预示了 20 世纪 60 年代的短裙、直筒廓形的线条，而且也是高级时装品牌从青年亚文化中获取灵感的第一个例子。圣罗兰反映了时尚界深刻的心理变化，表明了"青春风暴"将要到来。在接下来的十年里，"青春风暴"将重塑时尚界，一改传统服装设计师的认知。迪奥的这位年轻的设计师不仅看到了未来，而且通过神圣的迪奥时装品牌将这种视野展示给了世界其他地方。

事实证明，这种做法对该品牌来说太有争议性，极为不利。1960 年 9 月，在多次推迟服兵役后，伊夫·圣罗兰不能再逃避了，他应征入伍，服役期为 27 个月。正当人们猜测圣罗兰是否还会从"兵营"中继续为迪奥提供设计稿时，在入伍仅仅 19 天后，这位兼任服装设计师的军官学员就因患有神经衰弱而被送往巴黎郊区的贝金军事医院。同月晚些时候，马克·博昂（Marc Bohan）被宣布成为伊夫·圣罗兰的接替者。

撰文 / 亚历山大·弗瑞

"梯形"

伊夫·圣罗兰为迪奥设计的第一个系列是全新的"梯形"系列，以此献给已故的克里斯汀·迪奥先生。时装发布秀之前，扩音器里传来声音："想必你们会明白，今天上午我们在介绍时装系列的时候怀着什么样的心情。这个系列，以及接下来的所有系列都是对公司创立者迪奥先生的永久致敬。"

面对巨大的压力（《华盛顿邮报》的标题是"他这是在用 1700 万美元赌博"），圣罗兰推出了一个深受媒体和买手欢迎的系列。奇迹很少会准时出现或完美亮相，但它确实会发生。《纽约时报》写道："今天华丽的时装系列使迪奥先生的继任者——比春光还年轻的 22 岁的伊夫·圣罗兰成为法国的民族英雄，确保了迪奥先生打造的高级时装屋拥有美好的未来。"

最初的时装系列笔记称："本季的时尚有关平衡和剪裁，即帽子直接戴在头上的平衡、插入梯形底部的廓形的平衡。本季时装有两个要点：一是肩部，即梯形顶部；二是裙子的丰盈度，它形成了梯形的底部。这种新结构的廓形使裙子明显缩短。"其中包括两种类型："两件式"（将两个梯形叠加在一起，让腰部空出来）和"衬衫式"（类似于"礼服外套"），其剪裁效果"实现了肩部的平衡"）。

最后，还有适合夜间穿着的"饰以缎带和花朵的蓬松的连衣裙，让人想起威尼斯画家彼得罗·隆吉（Pietro Longhi）喜爱的芭蕾舞演员和歌剧演员"，装饰着"轻盈、闪耀的刺绣"。

"弧线——拱形廓形"

"弧线——拱形廓形"系列是伊夫·圣罗兰继"梯形"系列（见 108 页）之后为迪奥高级时装屋推出的第二个时装系列，具有建筑造型风格。

"本季时装的结构灵感来自建筑的基本线条之一。"时装系列笔记描述道，其关键特征是"帽子紧紧环绕脸部形成弯弯的弧线、轮廓清晰圆润的肩部线条、裙子的柔和曲线（和）帕拉第奥式拱廊的半圆形。"

时装系列笔记称："直线和斜线交织成镂空的形状、扩散成曲线，映衬出丰盈、美丽的胸部，令人惊叹。这个系列与上一个系列完全不同：新的'弧线'裁剪和新的长度（离地面 36 厘米）使廓形呈现出不同以往的比例。虽然腰部很短，但没有任何新古典主义的特征。若要找到一个过去的类似例子，首先映入我们脑海的必定是意大利文艺复兴时期的皮萨内洛（Pisanello）、卡尔帕乔（Carpaccio）和威尼斯画家们笔下的女性。"

VOGUE 杂志编辑杰茜卡·戴维斯写道："圣罗兰先生所要做的就是通过窄窄的高跟鞋、修身的裙子、高高的帽子和更高的腰线，使女性的身材变得更加修长，这个比例是巴黎最新的风貌。"

时装系列笔记称，日装方面有穹顶状的外套裙，"带有围巾或披肩效果的垂领，有时裙子两边开衩。"而晚装方面，设计师推出了"年代裙，通常长及脚踝，让人想起文艺复兴时期的威尼斯和它的华丽、18 世纪的土耳其风格，以及戈雅（Goya）"。同时还有华丽的"巴洛克式礼服"（"灿烂夺目的礼服，饰有褶皱、丝带环、丝绸流苏的礼服，搭配面具或'天鹅绒般的双眼'"）。

在巴黎展出后（右图），该系列被运到布莱尼姆宫进行特别展示，以支持英国红十字会（见对页和 116 页），1954 年克里斯汀·迪奥的"H"系列也曾在布莱尼姆宫展出过（几十年后，迪奥在布莱尼姆宫又举办过一次特别的早春成衣系列展，见 600 页）。

《观察家报》报道称："活动于 1958 年 11 月 12 日举行，玛格丽特公主（一位忠实的迪奥客户）到场。她宣称自己'从未见过如此美丽的系列时装'。1 650 名女性悠闲地观看了恰似芭蕾舞表演的时装秀，模特儿们身着华服，举手投足间神态可人。"

"修长——自然廓形"

最初的时装系列笔记称："这一季，廓形得到彻底解放。不再局限于纯粹的几何图形，也不再局限于强制性的拱形曲线。"伊夫·圣罗兰将其命名为"修长——自然廓形"系列。

新女性形象诞生了：高挑、极其高挑、柔软、自然、轻盈，背部的长斜线、贴合胸部的蜿蜒线条以及腰部的流畅线条和臀部的柔美曲线体现了这些特点。一个新的篇章就此展开。它不再是一个新廓形，而是一种新风格，一种年轻、欢快的风格，成为 1959 年的经典之作。

对于日装，圣罗兰提议在腰部进行简单裁剪（有时使用对比色的雪纺宽腰带）以及精致的打褶，使裙子和连衣裙可以自由移动。对于晚装，有用浅色缎子、雪纺、绉绸和山东绸制成的柔软长款鞘状裙，还有"短款晚礼服，非常轻盈，样式新颖：衣领轻薄透明或打褶的跳舞裙，裙摆非常宽大，犹如芭蕾舞演员穿的裙子"。

圣罗兰告诉《华盛顿邮报》："新的迪奥女郎穿着这种廓形的裙子显得非常高挑，没有之前'建筑造型'萦绕身旁之感。"VOGUE 杂志报道称："迪奥这一季的时装系列非常漂亮、不假雕饰，人们不仔细看，很难发现这种行云流水般设计背后的巧妙心思和高超技艺。飘动的褶子和雪纺、褶裥连衣裙的花边宽领、无袖连衣裙外搭系有腰带的淡色茧绸西装、用腰带或饰带收腰的大衣——看起来非常像优雅的女学生。"

"一九六零"

这个系列的时装秀笔记宣称："一九六零——现代生活创造新女性"，人们需要"新时装""新女性""新态度"和"新基础"，这种新潮流造就了人们所称的"一九六零"风格。

最新潮也是最引人注目的元素是一系列露出膝盖的裙装。迪奥高级时装屋称其是"该系列的精髓所在"。圣罗兰声称："我设计的廓形，秘密在于裙子及其制作方式。"

《纽约时报》写道："今天早上，迪奥让时尚媒体惊叹不已。伊夫 · 圣罗兰正忙着提起裙摆……而其他人则在放下裙摆。他甚至会让女性曲线优美的膝盖展露出来。事实上，他最引人注目的作品是一条腰部收拢的裙子，裙摆处用一条 15 厘米的带子束起，使其上方微微蓬起，看上去像束腰外衣。"

《泰晤士报》报道称，除长度以外，这种效果被复制到了奢华的正式晚礼服上："许多晚礼服让人联想到保罗 · 波烈（Paul Poiret）的风格，裙摆在膝盖处用一条带子收紧，前面的荷叶边就此分开垂落在两侧，并在后面形成鱼尾形裙裾。"

VOGUE 杂志编辑杰茜卡 · 戴维斯评价"这是巴黎最具法国特色的时装系列"。在她的巴黎报道中，主要介绍了"迪奥蓬松裙套装"和"迪奥舒芙蕾束腰外衣"。"这个系列以超凡脱俗的奢华方式呈现，大多由维克托瓦尔（Victoire）穿着展示（右图，身穿'淘气'系列）。即使世界越变越'小'，维克托瓦尔这位著名的迪奥模特，还是能让人一眼看出她是巴黎女郎，而非来自其他地方。"

"明日廓形"

《纽约时报》称:"今天,伟大的迪奥高级时装屋展示的时装系列被誉为该品牌自创立以来最美丽、最壮观、最年轻的时装系列之一。"

公主式廓形(特指纪梵希前一季的设计)是这个名为"明日廓形"的时装系列的关键组成部分。伊夫·圣罗兰以他自己的方式对该廓形进行了改编,并以明亮的色彩呈现出来。

尤金妮娅·谢泼德在《华盛顿邮报》写道:"两件式连衣裙看起来像合身的水手领罩衫和短裙,其中一些连衣裙与套在外面的大衣颜色相同。迪奥时装系列也有一套公主装,外套长及手腕,非常有型,呈喇叭状。"

圣罗兰的日装作品搭配圆柱形帽子(被 VOGUE 杂志描述为"圆顶土耳其毡帽"),以高圆领为特色。"廓形以梨形、帐篷形或娃娃裙形向外扩展,直到过膝的下摆。"《纽约时报》报道。

该报纸补充说道:"这个系列的迪奥礼服最令人瞩目的就是没有袖子。如果有的话,也是和服式的袖子,袖长及肘部。像其他所有巴黎时装店一样,圣罗兰也有两件式束腰外衣,但他的版本最为极致和优美。上衣的领口为简洁的椭圆形或一字领;前面紧贴胸部,而其他部位则像披肩一样飘动。衣服下面的裙子也很特别——就像帐篷顶上的帐篷。"

《纽约时报》继续说道:"圣罗兰也开始设计迷人女裤了,适合居家休闲。曾有一度,时装店里的每个模特儿都在半身裙下穿上了紧身裤,或穿上了有史以来最迷人的皮裙。"

晚装也同样引人注目,有高腰设计和不对称的下摆。谢泼德写道:"圣罗兰的晚装前短后长,带有方形裙裾,这是为那些大口喝威士忌和黑咖啡的女孩准备的。一些图案精致的印花雪纺裙,后背饰有飘逸的荷叶边,则是给那些喜欢喝薄荷甜酒的女郎准备的。"

"柔韧、轻盈、活力"

"今天上午的时装秀魅力十足，迪奥放弃腰部设计，拉伸衣身长度，并将廓形的重点转移到臀部以下。"《纽约时报》对伊夫·圣罗兰为迪奥品牌设计的最后一个命名为"柔软、轻盈、活力"的时装系列作了报道，"其比例是这样的：衣身占三分之二，裙子占三分之一"，整体微微蓬松或呈气球状，而外套和上衣则保持简洁，领口较高，无领设计，袖窿裸露在外。

《纽约时报》补充道："衣服款式优美。结构是圣罗兰每一季都在丢弃的东西，这次完全被摒弃。面料丝滑细腻，柔软亲肤。"在上一季（见124页）的鲜艳色彩之后，这一季黑色成为主打色。

英国版 VOGUE 杂志报道称："疲乏感对迪奥来说是一种新的造型：脸部苍白，面无表情；皮质套装和大衣、针织帽和高领衫则一黑到底。"事实上，圣罗兰似乎从他的同时代人、年轻的艺术家和创意作品那里获得了灵感。他将系列中的一套服装命名为"筋疲力尽"，与在几个月前上映的让－吕克·戈达尔（Jean-Luc Godard）执导的电影同名；另一套命名为"你喜欢勃拉姆斯吗？"与当时二十多岁的弗朗索瓦丝·萨根（Françoise Sagan）于 1959 年出版的小说同名，两者都是黑色色调。

美国版 VOGUE 杂志编辑杰茜卡·戴维斯在巴黎报道中说："迪奥希望（女性）穿着他设计的抽象时装，造型时尚前卫，即使头戴针织帽，身穿高领针织制服，看着也不像女学生。"

皮草也出现在该系列中，但处理的方式出乎意料：与针织袖子或衣领搭配、用来装饰皮外套（如标志性的"芝加哥"皮外套：一款光亮的黑色鳄鱼皮外套，用貂皮镶边并系有鳄鱼皮蝴蝶结），或是变成最奢华的休闲装束（如"电视机"，一款白色貂皮编织而成的"居家"套头衫，搭配黑色天鹅绒长裤）。

菲利斯·希思科特（Phyllis Heathcote）为《卫报》（The Guardian）撰稿写道："为了增强动感，他为他的女孩们戴上了橡树果实形状的针织帽，但不仅如此，外套和毛皮大衣都有针织袖子。豹皮大衣有针织袖子，是的，很有趣，但对于配有针织袖子的貂皮服装又能说什么呢！"

马克·博昂

守护者

暴风雨过后迎来平静。在克里斯汀·迪奥带来精彩难忘的作品以及他对下摆和廓形进行不断变化后，他的继任者伊夫·圣罗兰带来了激进的风格。相比之下，马克·博昂更偏向恬静的古典主义风格，他稳扎稳打，设计风格连贯一致。

这正是迪奥需要的。圣罗兰的青春活力和风格多变使百货公司的买手和私人客户忧心忡忡。他们更愿把迪奥视为一笔稳健的投资，而不是相对前卫的时尚潮流缔造者；媒体对迪奥的敌意也越来越大。圣罗兰试图通过高级定制来反映社会变化，新闻界对此十分反感。而博昂则坚持与时俱进，但并没有企图领先时代。博昂在迪奥的任期最长，比迪奥先生的任期还长。从 1960 年到 1989 年，博昂领导该品牌长达二十九年。

与他在迪奥的前任和继任者不同的是，关于博昂的生活和背景，除了可以从当时的文章和记述中收集到的信息外，几乎没有其他信息。博昂 1926 年出生于巴黎，母亲是一名裁缝，从小就鼓励博昂培养对时装的兴趣。1944 年毕业后，他在巴黎银行做文员，但他会在午休时间溜进高级时装秀。1945 年，他开始在罗贝尔·比盖高级时装屋工作，与克里斯汀·迪奥的发展轨迹极为相似。1949 年，他去了莫利纽斯（Molyneux）高级时装屋，莫利纽斯的设计风格迪奥本人也十分赞赏。博昂在 1953 年试图建立自己的高级时装屋，但由于资金不足，六个月后就倒闭了。1954 年，博昂来到了让·帕图（Jean Patou）高级时装屋，担任首席设计师，随后于 1957 年前往美国工作。博昂在那里接受了克里斯汀·迪奥的邀请，接管迪奥在纽约的业务——根据巴黎的时装系列进行调整，为当地客户生产成衣系列。计划还没落地，迪奥先生就与世长辞了。尽管媒体曾有过报道，但博昂和圣罗兰之间的紧张关系最终导致该计划于 1958 年搁浅，博昂转而负责迪奥在伦敦的业务。1960 年，圣罗兰应征入伍，博昂被任命为艺术总监。圣罗兰当时才二十四岁，出道不过四年；而博昂大他十岁，并且已经在服装高级定制界深耕了十六年。舆论普遍认为迪奥现在托付给了正确的人。

博昂在迪奥的道路最终远比想象的要复杂得多。但是，如果说他的天赋没有达到伊夫·圣罗兰的水平，那么他的韧性和一致性正是激发人们对品牌的信心所需要的。在 20 世纪六七十年代，他带领迪奥度过了巨大的转变，这场转变彻底改变了当时的时尚界。最重要的转变是，设计师设计的成衣系列兴起，成为时尚界的主导力量。20世纪 70 年代之前，高级时装的大部分利润来自百货公司和大规模服装制造商购买的巴黎原作的复制权，复制品的仿真程度和数量不尽相同。设计师设计的成衣系列改变了这一状况，大规模生产的服装上贴上了设计师的名字，并被赋予与高级定制服装同样多的创意。到 70 年代中期,成衣行业的影响力占据了主导地位,成为商业巨头。伊夫·圣罗兰 1966 年推出的"左岸"系列引领潮流,而博昂和迪奥高级时装屋的成绩也毫不逊色,于 1967 年推出了"迪奥小姐"成衣系列,并于 1970 年推出了男装。迪奥的化妆品帝国则成立于 1969 年,包括第一款男士香水"旷野"(1966 年)和 1985 年的"毒药"在内的多款香水大获成功。

"不要忘记女性"——博昂在 1963 年告诉 *VOGUE* 杂志。他从未忘记过女性。在扩展产品线和签订许可协议的同时,博昂收获了一批忠实的高级定制客户,其中包括伊丽莎白·泰勒(Elizabeth Taylor)、索菲亚·罗兰(Sophia Loren)和格蕾丝王妃(Princess Grace of Monaco)。1978 年,格蕾丝王妃的女儿卡洛琳公主在其与实业家菲利普·朱诺(Philippe Junot)的婚礼上,穿着博昂设计的礼服。事实上,当博昂于 1989 年离开迪奥时,人们认为是他为迪奥维系了最庞大的客户群体。这些女性被什么所吸引?答案是迪奥及其盛名所代表的精湛技艺,以及博昂完美时髦的内在经典特色。

撰文 / 亚历山大·弗瑞

"修长风尚"

"灰白色调的迪奥高级时装屋内掌声如雷，温莎公爵夫人刚刚宣布了第三位'迪奥先生'的担任者，为今年时尚界的一大悬念画上了圆满的句号。马克·博昂将接替病痛缠身的伊夫·圣罗兰，成为下一任'迪奥先生'。此事无论是对迪奥未来在时尚界的主导地位，抑或设计师马克·博昂的职业生涯，都意义非凡。"《芝加哥论坛报》（Chicago Tribune）写道。

《纽约时报》写道："马克·博昂首战告捷！原本优雅的高级时装屋一时间人声鼎沸，观众争相道贺，推杯换盏，挤作一团，马克·博昂被道贺的人群包围，动弹不得。"

作为首席设计师，马克·博昂推出了他的第一个名为"修长风尚"的作品系列。该系列的风格简约流畅、年轻自然、质感柔顺，这是他对迪奥创作的"新风貌"系列的现代演绎。马克·博昂重新打造了日装，创作了宽裁式外套以及紧贴臀部的低腰微喇裙，同时搭配了罗杰·维威耶标志性的弧形"逗号跟"皮鞋。除此之外，他还设计了造型夸张的球形外套和连衣裙（见 136 页上图）。

"四位模特身着'花园派对雪纺衫'，戴着'彩色巴库花园派对帽'，在一片欢呼喝彩声中走了进来。"VOGUE 杂志写道。当晚，博昂还展示了采用蝉翼纱、薄纱或雪纺面料制作的"修长风尚"系列刺绣紧身微喇裙。最后，该系列以惊艳的"赞美诗"婚纱（见 137 页）收尾。

博昂的"本季设计灵感来源于影响绝大部分巴黎设计师的 20 世纪 20 年代末期。"《纽约时报》写道，"他让上衣遮住胸部，将腰线放低至臀部，并设计了微喇短裙。"

《泰晤士报》写道："不愧是顶级大师的手笔，第一位模特一出场，这一系列服装就已成功了。""修长风尚"系列轰动一时。在首次展出三个月后，《女装日报》写道："'博昂微喇裙'大放异彩，博昂将不可能变为可能，那就是在商业大获成功的同时，还能得到时尚界专业人士的尊重。"

"迷人 62"

"柔软灵活又多变"是媒体对这一系列的描述。"头部线条简洁，肩膀单薄，胸部抬高，上身加长，臀部放平。裙子要么有宽边和波纹图案，要么是直筒版型，只在与膝盖平齐处微微放宽裙摆"，这与上一季迪奥引入的"博昂微喇裙"（见 132 页）保持一致。

该系列的套装剪裁延续了"修长风尚"系列的风格："连袖手套长而窄，紧身胸衣较短"。这些套装"通常与超短毛皮衬里斗篷或连帽斗篷搭配，还可以与'宽松短上衣'搭配，进一步加强整体的锥形效果"。

该系列的各种风帽、兜帽和围脖吸引了 VOGUE 杂志的注意，该杂志写道，"这个系列中最令人耳目一新的产品就是帽子，迪奥的小卡洛帽就像一顶华丽的无檐便帽，头发在帽檐外丝滑飘动——低调迷人，干净利落，像是波斯公主的玫瑰。"

该系列最引人注目的服装是一套配有披肩的粉色云纹长款晚礼服（见对页，该礼服在国际时装集团的一次特别发布会和后来的博昂系列上展出）——由欧文·佩恩为 VOGUE 杂志拍摄，该杂志称该系列"气势磅礴，流光溢彩"。VOGUE 杂志写道："这身晚礼服采用了奢华的锦缎和天鹅绒面料，并饰以珠宝和毛皮，粉色云纹如牛奶般温和，更令人惊喜的是，它与黑色天鹅绒貂皮衬里外套搭配也格外好看。一言以蔽之——惊世骇俗。"

"轻盈、柔韧、女性气质"

本季作品具有"轻盈、柔韧、女性气质"的特点，并形容"这种风格自由而简单，同时又精心处理每一个细节。"时装系列笔记称。

迪奥高级时装屋称："该系列肩部较常规，整体纤细并最大限度地加长；臀部处理成圆形。裙子单'面'或多'面'，刚好能遮住膝盖。"日装衬衫采用羊毛西装面料制作，并搭配对比鲜明的西装。

博昂的标志性"微喇短裙"仍在，外套"在身上以流畅的线条徐徐展开"，晚礼服以"胸部线条的延伸和后背丰盈的裙子"为特色，如那件绿色连衣裙（见对页右图），该照片由威廉·克莱因（William Klein）为 *VOGUE* 杂志拍摄。该杂志提示："迪奥这件绿色长裙很挑人，仅适合身材苗条的人。"

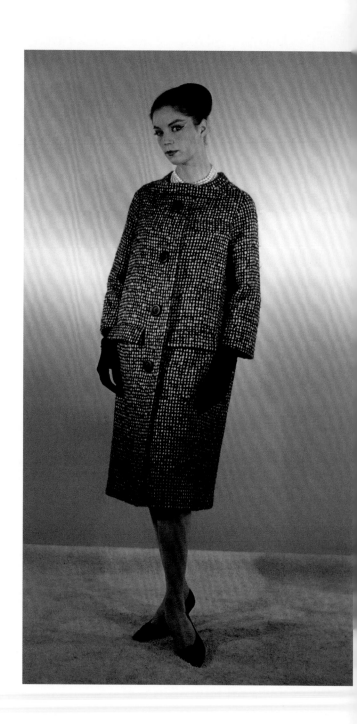

"箭型"

马克·博昂的最新系列作品为"箭型",与克里斯汀·迪奥1956年的同名系列(见90页)呼应。该系列作品专为新贵迪奥女性而设计。她常年周游世界,五湖四海都留下了她的倩影。

时装系列笔记写道:"设计师的作品必须能够应对长途飞行间的气候变化,还要考虑到运动已经不受制于季节,因为现在仅需轻松航行,'晴空万里'便近在咫尺。

"博昂先生对家庭生活中的各种场景印象深刻,包括小型鸡尾酒会和电视晚会,他认为,应该帮助淑女们做好准备,为其提供一系列全新的日常服装、旅行服装、适合运动或射击派对的周末服装,以及各种非正式场合的家居服装。"

从"法国航空"到"棕榈滩圣诞节",从"巴黎东京"到"里约除夕夜"和"曼谷之夜",这些大衣搭配连衣裙套装作品均采用与环球旅行对应的名称。

博昂"箭型"系列的特点是"肩膀圆润,适当强调胸部,始终突出腰部,臀部苗条"。"箭型"聚焦于拉长的廓形线条,尤其是晚礼服(刺绣或毛皮镶边)用"提升"腰部来"突显胸部,拉长腿部线条,这些特点从作品的高腰设计和透明布料中可见一斑",同时,晚礼服还以"珐琅、黄金和宝石制成的东方珠宝"作为装饰。

"锥型"

该系列命名为"锥型",以胸部为中心,呼应了博昂上一季作品中高而窄的胸部线条(见142页)。

该系列旨在呈现"从肩部凹陷处一气呵成的蜿蜒线条,正好与领口旁的圆形袖子吻合,用长省道勾勒出廓形,而腰线则通过微妙的起伏显现出来。超宽的袖窿突出了胸部的线条。"时装系列笔记写道。

套装色彩鲜艳,"短小干练的外套"与引人注目的帽子相得益彰——"轻巧的编织草帽硕大浑圆又精美绝伦,衬得人容光满面",而晚礼服则绣有色彩纷呈"如浮雕一般"的花卉图案。

时装系列笔记称:"就像今天的生活方式一样,时尚是一种进化。毫无疑问,这种进化日新月异,但也合乎逻辑。它不再是一场革命。时装不再需要石破天惊般改变廓形,而是越来越体现出精致的剪裁、微妙的细节和精心的设计。"

方肩

时装系列笔记写道，在新系列中，马克·博昂把重点放在肩膀宽度以及"高领口，强调衣领和肩部、柔软的胸部、腰带和适合冬季的衣长——下摆刚好低于膝盖"，衣袖设计简洁，更突出了肩部的方形线条。

帕特里夏·彼得森（Patricia Peterson）为《纽约时报》撰文称，"今天，马克·博昂让他的模特们穿着宽肩软垫的高级时装出场，她们看起来就像一支打扮入时的美式足球队。"还称赞博昂在日常服装中使用了"木纹色调和淡色的优质英式粗花呢"。

VOGUE 杂志写道："新的迪奥方形肩线由肩膀边沿的两条缝线组成。双重领口，很多高翻领款式"，以及"最重要的是帽子，中等高度，无帽檐，与所有巴黎帽一样，刚好戴在眉毛上方"。

迪奥高级时装屋介绍，晚礼服"线条流畅，通过提高腰部实现整体拉长的效果"（与博昂之前的系列保持一致），"要么是高领，要么是放低的方形开襟"，并配以"精雕细琢的廓形"。

"生活新风尚"

新系列具有当代气息，颇为大胆前卫，迪奥高级时装屋在介绍该系列时说道："时尚永不停歇。它甚至有义务在当代生活节奏中抢先一拍，将自己融入'生活新方式'。"《纽约时报》称赞该系列为"年轻潇洒……动感十足又贴近生活"。

"不论旅行还是居家，不论气候或纬度、地点或生活节奏如何变化，我们对面料和配饰的选择以及每一个细节的处理都无比精心，致力于在'64'春季系列中突显女性特质，展示女性魅力。"时装系列笔记如此写道。

该系列以"三角领、尖而低的领口和灵动的百褶裙"为特色，还推出了舒适的"信封外套"（"几何图形般板正的连肩样式"）和"一系列'个性化的奢华'新装：为航空旅行设计的外套和长裤，为参加游艇派对和邮轮上的鸡尾酒会设计的套装"，其版型更加宽松。

根据 VOGUE 杂志的报道，该系列的明星作品是"汤姆·琼斯"（见右图）——"马克·博昂的海军蓝绉纱晚礼服……这是他为迪奥设计的系列中的一件轰动之作，灵感来源于一部欢快的英国电影。"该电影于1963 年改编自亨利·菲尔丁（Henry Fielding）的经典小说，由托尼·理查森（Tony Richardson）导演，VOGUE 杂志称这款晚礼服为"巴黎最热门的连衣裙"。"这套衣服表达的情绪高亢，领口很低，的确，又低又宽，十分大胆，" VOGUE 继续写道，"衣袖修长飘逸，一只袖口上还夹着一朵洁白的小栀子花。这条裙子满是风琴褶，整体给人感觉活泼又灵动。"

"金字塔"套装与筒型连衣裙

VOGUE 杂志编辑戴安娜·弗里兰（Diana Vreeland）在其对巴黎时装的报告中评价道："迪奥：欢乐、实用、奢华。"时装系列笔记写道，该系列的特点是"更柔软的肩线，连肩剪裁，加宽胸围，双排宽距纽扣，拥有浪漫情调的细节"，以及"乡村风格的宽裙子"，该系列还推出了"筒裙……领口深而尖的长袖筒型连衣裙"；"薄纱、雪纺、绉纱、天鹅绒面料的'穆吉克衬衫'，有的用皮毛镶边"，还有"'洛可可式连衣裙'……绣有黑玉"。

VOGUE 杂志称赞了该系列中两条对比鲜明的主线，"马克·博昂为迪奥成功设计了两种服装：丰盈动人的金字塔造型服装和修身服装"。

博昂的"'暴风雨金字塔'套装用深灰色府绸制成，羊毛衫束进裙裤里；富有光泽，闪闪发亮……鞋子就像被斩断的靴子，鞋口在脚踝之下"（见右图），由欧文·佩恩为 *VOGUE* 杂志拍摄，还有"迪奥的修身服装——顺应身体轮廓却不贴身……肩部窄小娇美……外套短小精干，窄窄的袖子长及腕骨；城市套装端庄大方，短外套扣得严实，搭配休闲短裙"。

迪奥高级时装屋表示，该系列的明星材料是雪尼尔纱，"用于针织品、刺绣、镶边，也常用于制作整件衣服。"《纽约时报》报道，"最漂亮的组合之一是褐色雪尼尔外套，看上去像是由慈爱的祖母刚刚钩编好，搭配时髦迷人的亮粉色缎子连衣裙（见对页右上图）。"

时装系列笔记指出，一部分服装配有头巾，"所用面料与套装相同，有的带流苏"。

"神秘东方"

马克·博昂在这一系列中融入了东方韵味，以一系列"如贝壳釉般洁白"（*VOGUE* 杂志如此描述）的简约束腰裙为特色，为日装设计的裙子长及膝盖，晚装则是长裙，如对页中间图片所示，印有白色花卉图案的淡粉色束腰外衣和蹒跚裙。

"印度斯坦"长衫（见对页右上图）上的印花图案色彩斑斓，*VOGUE* 杂志赞誉道"简直是神来之笔……下摆收窄又下垂的卡夫坦长衫……印度风格的白底翡翠绿、布里斯托尔蓝和粉红色印花……像极了 17 世纪的印花棉布"，正面有一排"小小的仿翡翠纽扣"。

套装设计也同样别致，有的是无领样式、袖子窄小、袖窿贴体，有的是羊毛或针织面料，剪裁宽松，系有腰带，印有条纹，正面有褶裥，搭配蝴蝶结围巾。

《纽约时报》评论称："在博昂为迪奥设计的所有作品中，这个系列艳压群芳。'东方韵味'的头巾和飘逸的裙子影响了那一季的许多服装设计师。"

羽毛针织

马克·博昂的最新系列以"鲜明的廓形、全新的柔软垂饰、舒展的胸型结构……以及休闲短裙"为特色，创造性地引入了新材料———一种用羽毛织造的特殊羊毛面料，用于"珍珠鸡羽毛"等大衣搭配连衣裙套装（如右图）。

格洛丽亚·爱默生（Gloria Emerson）在《纽约时报》上写道："羽毛元素遍及整个系列，但总出现在人们意想不到之处。灰色羊毛套装搭配的羽毛外套由珍珠鸡羽毛制成，线条圆润饱满的米色羊毛开襟外套上面遍布鹧鸪羽毛。"

VOGUE 杂志的戴安娜·弗里兰注意到"迪奥采用了一种新比例：宽檐软毡帽与窄肩小西装搭配"。大帽子的灵感来自 17 世纪荷兰画家弗兰斯·哈尔斯（Frans Hals），与之搭配的外套特点是"在整洁的衣领下系着女学生式大号蝴蝶结"，《纽约时报》写道，并将这些引人注目的头饰解读为"大型帽子卷土重来的第一个迹象"。

刺绣用了黑玉和马赛克石，质感极好，晚礼服则有精巧的背部蝴蝶结、抽褶和打裥——"性感之作是迪奥环形装，在后颈或腰部用柔软饱满的环状裙撑支撑起连衣裙后面的裙裾。"*VOGUE* 杂志报道。

"墨西哥风情"

《纽约时报》在其关于该系列的报道中以"迪奥充满了墨西哥风情"为标题，表明其灵感来自马克·博昂的墨西哥之行，该系列也是博昂迄今为止最丰富多彩的作品。时装系列笔记写道："紫红色是首选颜色，贯穿整个系列，同时还有酸绿色、深黄色、亮粉色和深紫色。"

迪奥品牌表示，这些独家印花均以墨西哥为主题，采用山东绸或雪纺面料，呈现"色彩对比强烈的大型图案"。这些布料中最吸引眼球的是"博昂睡衣"（见对页右下图）所用的布罗辛·德梅里（Brossin de Méré）设计的图案，VOGUE 杂志将其描述为"如马戏团般绚丽的颜色在大片的雪纺布上铺开，将皮耶罗灯笼裤变得无比奢华"。

这件睡衣让人想起约翰·加利亚诺几十年后为迪奥设计的手绘扎染"果阿"连衣裙（见 349 页）。在巴黎时装的报道后不久，马克·博昂色彩鲜艳的丝绸睡衣引起了 VOGUE 杂志编辑的注意，于是这件睡衣又出现在杂志上，这一次由年轻的芭芭拉·史翠珊（Barbra Streisand）穿着，照片由理查德·阿维顿拍摄。

时装系列笔记写道：帽子是另一大亮点——用"墨西哥印花"装饰，或用"木头、软木或塑料"等特别的材料制成，形状特异。《纽约时报》说："还有模仿墨西哥衬衫的露肩领口设计。"

军装大衣与露肩设计

《纽约时报》报道："今天，在马克·博昂为迪奥设计的冬季系列中，推出了一款厚大衣，衣长足以遮住靴子顶部，式样介于沙皇军队和西点军校学员的制服之间，内搭淑女式套装或连衣裙……博昂称之为'锡兵'制服，因为这件长至脚踝的大衣有肩章、黄铜纽扣、高位半腰饰带或带方形带扣的宽皮带，后者的设计灵感来自剑带。"

时装系列笔记写道："套装中的外套柔软舒适，按人体轮廓剪裁，没有衣领，有时一侧驳领向下翻折，而衬衣则是颜色鲜艳的绉纱'T恤'，与羊毛套装面料形成对比。"

《纽约时报》写道："迪奥上个系列（见156页）的长喇叭袖仍在，但博昂给它设计了一个直达肘部的开衩。除此之外，还有'迪奥切口'设计，即能够让香肩微露的小切口，切口末端饰有大颗水钻球。"

晚装方面，有"直筒或喇叭形的柔软长裙，采用的是黑色或色彩鲜艳的绉纱，配上'祖母'式披肩或长款羊毛大衣"，还有精致的"透明蕾丝长款'束腰外衣'（丘尼克）套在闪亮的紧身长裙外。"迪奥高级时装屋称。

"非洲风情"

在约翰·加利亚诺的"马赛－迪奥"廓形（见260页）及其受非洲影响的系列（见470页）问世的几十年前，马克·博昂就已经将目光投向非洲大陆，为本季高级时装寻求灵感。

时装系列笔记称，博昂设计了两种套装：一种是"狩猎"（带有贴袋的加长款外套）套装，另一种是"衬衫领短款外套套装"，两者都搭配了"狩猎"毡帽。

晚礼服方面，博昂设计了"非洲风"印花、"图腾连衣裙"（有的配有胸饰，有的绣上了非洲本土特色图案）、"布布连衣裙"（"不对称，单肩裸露，用绉纱、山东绸或彩色纱布，甚至用白色蝉翼纱刺绣或用羽毛制作成图案"）、"爬行裙"（"紧贴身体，以护身符链带或不对称刺绣为特色"）、"探险家套装"（"与带有'原始森林'印花和锁链腰带的绉纱战斗型外套搭配穿着"）和"百慕大连衣裙"（"长裙，平纹或印花绉纱，适合跳舞"）。

配饰与该系列的主题一致，从"护身符"或"种子"腰带到木制纽扣（据《纽约时报》报道，最新细节是"以上漆的金色新月形或球形坚果固定，将育克连接在衣服上"），还有"非洲风"刺绣（迪奥高级时装屋称，"图腾图案或野性十足、五颜六色的非洲面具上的木片、玳瑁片和金色亮片"）。

"浪漫主义"

时装系列笔记解释了马克·博昂的最新系列以"浪漫主义"为中心，设计了"领结领，衬衫前襟饰有褶边，袖口镶有蕾丝、流苏或羽毛，领口较高"（约翰·加利亚诺将在他自己的浪漫主义系列中重塑这种美学，见 496 和 512 页）。

该系列采用了"柔软束带"廓形，裙摆刚好盖住膝盖，配饰为"齐髋的军用腰带，有圆形的透明玳瑁腰带扣或黑色漆面腰带扣"，搭配宽边黑毡帽或"牧师"帽，"帽冠浅、有卷边"，还有黑色漆皮鞋。

日装方面，博昂展示了被 *VOGUE* 杂志称为"迪奥骑装外套"的系列作品，"带有贴袋的短款圆领贴身外套，搭配柔软的喇叭裙，有的设计了工字褶。"时装系列笔记写道。还有"贴身长大衣"和"日夜两用式披肩——非常柔软，有些是双层款式"。

晚装方面，推出了"配有宽腰带、喇叭袖、袖口饰有蕾丝、蝉翼纱或雪纺的紧身连衣裙"，以及"采用柔软的天鹅绒、绸缎、绉纱或雪纺面料制成的连衣裙，长长的袖子呈花冠状"。

《纽约时报》报道："今早的迪奥时装秀，盛大、美丽且富有创意。马克·博昂的黑色连衣裙和套装看起来价值连城、质感十足。"

拜占庭刺绣

马克·博昂将 1968 春夏（见右图、对页左上图和左下图）/ 秋冬高级定制系列（见对页右上图和右下图）的目光转向东方，尤其是致敬了公元六世纪的拜占庭帝国（当时的皇后是西奥多拉）风格，比如拉文纳圣维塔莱教堂丰富多彩的马赛克艺术。

据 *VOGUE* 杂志报道，今年春季系列，博昂设计了卡夫坦长衫和连衣裙，包括一件镶有马赛克的西奥多拉长袍。还有鲜艳飘逸的吉普赛服装，如后来由崔姬（Twiggy）演绎的红色套装（右图），由理查德·阿维顿为 *VOGUE* 杂志拍摄。*VOGUE* 杂志描述该套装为"袖口和下摆处点缀着吉普赛金玫瑰花，紫色头巾低垂至宽松的吉普赛长袖，随风飘舞。"

《纽约时报》报道，这一系列的时装甜如蜜，美如花，让人感觉马克·博昂内心深处有一个小小的嬉皮士在蠢蠢欲动。

VOGUE 杂志写道，博昂的秋冬系列（在 1968 年 5 月巴黎奥运会开始后几个月推出）以风格相似的丰富刺绣为特色：宽松长袍、连身衣和晚礼服上配有"用碧玺、金珠和银线制作的饰带和拜占庭式涡卷形纹饰"。

该杂志也聚焦于设计师的日装，称赞其为"迪奥无与伦比的裤装，比例堪称完美，巴黎没有比这更好看的裤装了"。

塑料与皮草

VOGUE 杂志写道,马克 · 博昂 1969 春夏系列(见右图和对页左上图)由穿着白色或粉色连衣裙的"可爱的雷诺阿小女孩演绎,活泼的日常造型——有着完美剪裁和世界上所有的时尚元素"(配上迪奥标志性的印花,该印花在三十年后又由约翰 · 加利亚诺重新诠释,见 316 页)。这些精致的丝绸连衣裙很短,饰以褶皱、荷叶边或绣上白色塑料片,创造出一种现代风格的花卉图案,如对页(左上图)的白色套装。

博昂 1969—1970 秋冬系列没有大量现存的照片或记录,但弗德里克 · 卡斯特(Frédéric Caste)在同季设计了"高级皮草时装"系列(见对页左下图和右图)。这些作品以夸张的皮草为特色,有豹纹或斑马纹的作品(通常与配套的靴子和头饰搭配),让人联想到克里斯汀 · 迪奥对动物纹样的热爱(见 24、33 和 39 页),还有一些服装设计了大胆的彩色几何图案,比如对页(左下图)粉白相间的海狸毛大衣——*VOGUE* 杂志评价:"一件疯狂躁动的短大衣,像是给皮草刷上了海报颜料。"

面纱与佩斯利

博昂 1970 春夏系列（见右图及对页左上图和左下图）的日装受到媒体褒奖。*VOGUE* 杂志评论道："精美绝伦的迪奥外套，每一件都那么讨人喜爱……束有腰带……上衣显得窄小，领口极为简洁，向一侧收拢。"

"迪奥令人印象深刻的不仅仅是外套，"《纽约时报》补充道，"还有针织面料套装……衬衫和连衣裙的剪裁，采用优质中国绉纱精心制作的黑色衬衣式连衣裙只在正面打褶。"

面纱和披肩是该系列的另一大亮点，其中"迪奥麂皮绒披肩"和"迪奥精美绝伦的奶油色麂皮绒南美牛仔风格裙裤，裹在一条时髦迷人、带有黑色流苏的佩斯利领带绸大披肩里。"*VOGUE* 杂志写道。

在秋冬系列（见对页右上图和右下图）中，博昂推出了"可爱又实用的小外套、束腰带的套头衫、华丽的裤子和裙子，外穿精致外套和毛皮衬里斗篷，搭配柔软小毡帽和钩编钟形帽。"*VOGUE* 杂志报道。

春夏系列中的佩斯利主题也在绗缝、毛皮镶边缎面晚装外套和裙子中出现。"全世界的女性都梦想拥有这些散发女性特质的衣服。"*VOGUE* 杂志评价道。

圆领与喇叭袖

伯纳丁·莫里斯（Bernadine Morris）在《纽约时报》上报道说："迪奥设计师马克·博昂正忙着向世界展示春夏系列，他或多或少地革新了 20 世纪 40 年代美式运动装的外观，而晚礼服则具有 20 世纪 30 年代永恒的浪漫风格。"

迪奥高级时装屋这一季的作品（见右图和对页左上图和左下图）包括宽肩的"西装外套、轻巧的无领上衣和休闲风衣"。莫里斯说。在晚礼服方面，他补充道，有"带有披肩或喇叭袖的超薄连衣裙"。

VOGUE 杂志报道，该系列的亮点之一是"宽肩、大领、大口袋、双排扣亮白色毛毯呢大衣——这是令全世界女性梦寐以求的大衣"（见对页左下图）。

对于博昂的秋冬系列（见对页右图），《纽约时报》报道称，"服装华贵典雅，这是通过历史悠久的高级定制方式缝制和塑型才能实现的效果。比如这些魅力十足的外套，它们上身小、腰线高，从腰部向外张开。"

博昂的"服装系列既深邃又奢华，犹如有着华丽皮草座位套的玛莎拉蒂豪华轿车。"*VOGUE* 杂志补充写道，"迷人而毫不做作的套装。外套精美绝伦……所有领子都是圆口。"

皮草与长裤套装

"浪漫的现代风格体现了巴黎人对春天的追求。"《纽约时报》写道。该报将博昂为迪奥设计的新系列（见右图）评为本季巴黎最佳作品。伯纳丁·莫里斯写道："马克·博昂让人们见识了什么叫做古韵典雅，但又无年代感。他并未刻板复制20世纪30年代或40年代的作品。这些衣服看起来真的很摩登，它们是为那些喜欢时尚但讨厌奇装异服的女性而设计的，包括许多新式喇叭裤或箱形外套。"

博昂1972—1973秋冬系列的记录已不复存在。弗德里克·卡斯特为本季设计了一套高级皮草时装，大胆使用了克里斯汀·迪奥名字的首字母"CD"，并在他的春夏系列中重新诠释了加长款长裤套装，分为斑马纹和豹纹毛皮两个版本，其中一款是貂皮，由帕特·克利夫兰（Pat Cleveland）演绎，欧文·佩恩为VOGUE杂志拍摄。

条纹与波点

马克·博昂为春季推出了一个轻盈明亮的系列，以白色为主色调，以图形图案为辅。休闲日常套装（配及膝百褶裙）尤其引人注目，与之相配的条纹或波点外套、裙子、衬衫甚至帽子也很抢眼。

VOGUE 杂志写道："今年春季系列散发着一种氛围，一种让当代女性与衣服之间发生某种奇妙互动的诱惑……贴合身体的轮廓，小巧柔软，即使套装和大衣也是如此。没有一丝多余细节，一切都减至极简。简单又高级，极致女性化。"

"光彩溢目"

"光彩溢目的迪奥。"《纽约时报》用这样的标题报道
迪奥的巴黎时装系列，"所有细微之处都极为精致，
彰显奢丽华美的特质。比如羊毛粗花呢套装内搭的
印花衬衫，与印有同样图案的围巾十分相配。"

长裤套装，以及大衣搭配连衣裙套装对皮革和皮草
的大胆尝试，呼应了设计师之前设计的加长款系列
服装，而新版迪奥标志图案为齐膝毛皮镶边外套增
添了活力（见对页左上图和右图，均由弗德里克 · 卡
斯特为迪奥高级定制系列设计）。

"马克 · 博昂多年来一直在完善其宽而紧致的中腰浅
色中国绉绸晚礼服，"《纽约时报》写道，"其裙摆宽
大，非常优雅，优雅到人们对其过膝的裙长毫无怨言。
当然，还有令人眼花缭乱的晚礼服，非同凡响，光
彩夺目。"与之搭配的是羽毛围巾和厚底高跟鞋。

内衣式连衣裙与"香烟"睡衣

马克·博昂为春夏系列（见右图）带来了"有史以来最精致的内衣式连衣裙。"*VOGUE* 杂志写道。这张照片由赫尔穆特·牛顿（Helmut Newton）为 *VOGUE* 杂志的时装报道拍摄，图中演员夏洛特·兰普林（Charlotte Rampling）穿着迪奥的真丝乔其纱长裙。博昂说："衣长不是重点，它可以做成短款、到小腿中部或脚踝，无论多长，它都璀璨夺目。"

在秋冬系列（见对页）中，博昂推出了较短的"香烟"睡衣套装系列，时装系列笔记写道，"长度刚好到脚踝的窄裤"，搭配"凉鞋和金银丝线面料或软绸的外套式衬衫"。晚礼服也采用了及踝的长度，还有"像披肩一样可以在手臂上飘动的衣袖"，以及"两件式套裙，上衣较长，但这个长度看起来很合适。"《纽约时报》报道。

点彩印花与连帽夹克

"马克·博昂对纤细版型进行了柔和漂亮的调整。"
VOGUE 杂志观察评论道，"他受印象派画家启发，
设计了点彩印花。"这比拉夫·西蒙为迪奥设计的点
彩系列作品（见 535 页和 588–589 页）要早了数十年。
"色彩纷呈，闪闪发光。那件柔软的中国绉纱印花连
衣裙的领口毫无装饰——低而宽的 V 领极为漂亮，
有时会从肩上滑落。"

在报道秋冬系列（见对页）时，《纽约时报》宣称：
"博昂先生的时装有一种潇洒飘逸、无拘无束的风格。
那条优雅下垂的环绕式百褶裙是对秋季时装界的一
大贡献。"

"马克·博昂知道什么样的衣服对女性有吸引
力，"VOGUE 杂志也应和道，"柔软的面料、纤细的
线条、精致的细节。他所做的一切都彰显这些特质，
比如各种各样的奢华大衣，有连帽、皮草镶边的雨衣，
有中长款驼色大衣，还有带兜帽的平纹衬里披风等。"

《纽约时报》重点写道："一系列配有毛皮镶边兜帽
的丝质府绸夹克，兜帽下面的钩编帽紧贴头部，盖
住了底下整洁利落的短直发。"该报认为这些作品特
别"当代"。

"运动风，量身剪裁"

马克·博昂为迪奥设计的春夏系列（见右图和对页左下图）专注于男性风格剪裁。"有些高级定制服装可能很凝重，但他的作品非常精致，甚至连按照男装剪裁制作的套装也如此。"《纽约时报》写道。

"最近的关键词是'轻松'，博昂则用抽绳追求轻松。这是一个反复出现的主题，从量身定制的套装到雪纺连衣裙，他用细绳抓住了每个人都在努力追求的舒适感……春季裙子一般较窄，博昂通过在两侧开衩使其既实用又性感，让女性自在行走。"

为他的秋冬系列（见对页左上图和右图）揭开序幕的是"量身定制的运动感服装——格子和条纹小套装……毛皮衬里、毛皮镶边的丝绸衣服。"VOGUE 杂志报道称。"运动装更多使用针织束腰外衣和直筒裤，男式西装配有垫肩，而哈伦裤是晚装的主题。"《纽约时报》评论道。

露肩与白狐皮草

VOGUE 杂志在本季春夏高级定制系列（见右图）的报道中说："马克·博昂给关注迪奥的人带来了很多值得喜欢的作品。比如一款让香肩微露的漂亮泡泡袖抽褶连衣裙，搭配颈间缠绕着的一条围巾。"

秋冬系列（见对页）推出的一系列套装同样十分精美，包括一身"白色丝绸提花长裤套装，配以白狐皮草、白珍珠和酥胸半露的里衣——一件柔软的白色吊带衫"，*VOGUE* 杂志预测，这套服装必将在本季大获成功。

长裤套装爱好者比安卡·贾格尔（Bianca Jagger）也在观众席上，"她说她喜欢这一切——披肩、褶边、白色定制男式长裤套装。"《纽约时报》称，"现场的音乐是 20 世纪 50 年代电影（《金粉世界》(*Gigi*)、《窈窕淑女》(*My Fair Lady*)）主题曲，服装样式也带有那个时代的影子。蓬松的裙子、紧身的外套……还用了以前的那些面料——挺括的透明丝织物、闪亮的金属感织锦缎、蓬蓬的马特拉斯凸纹双层布……还有大量的印花作品，包括一件印有花卉图案的红色雪纺服装，精美绝伦。"

重回二十世纪四十年代

VOGUE 杂志称赞了春夏系列（见右图）中"迪奥活泼 / 轻快的套装"，称其晚礼服是"轻松 / 奢华的完美组合"。

《纽约时报》写道："本季最令人瞩目的是定制套装的回归。有格子长裤套装搭配格子衬衫、窄领带，还有可用作拐杖的雨伞。"晚礼服方面，博昂推出了"浅色绉纱连衣裙……腰部饰有缎带的白色蝉翼纱连衣裙与绣有红玫瑰的白色薄罗纱短裙轻舞飞扬"。

《纽约时报》报道称，博昂的秋冬系列（见对页）"重回迪奥之前的时代"。和这里的其他时装设计师一样，他沉醉于回归 20 世纪 30 年代末与 40 年代艾尔莎·夏帕瑞丽时期的风格。该系列的主题是"宽肩窄廓"，通常采用黑色缎子剪裁。

皮革腰带与菱形格纹半裙

"迪奥时装秀上的明星作品是一件宽松外套，与紧身裙或长裤搭配，而且总是系着腰带。"最多的是皮革腰带，据《纽约时报》报道。在评价马克·博昂本季的春夏高级时装系列（见右图及对页左上图和左下图）时，该报写道："与之搭配的是踝带凉鞋、齐肩发和别有装饰艺术风格的珐琅三角形别针的贝雷帽……丝袜的侧面有条纹，和晚宴餐套装上的一样。"

VOGUE 杂志也称赞"迪奥这个系列的宽肩、窄腰和系带设计是一股新的冲击力，黑白撞色令这股冲击力更加强劲"，博昂设计的白色系带大衣搭配黑色皮革腰带（见对页左下图）出现在那年的 *VOGUE* 杂志上。

在秋季系列中，博昂为日装设计了带有菱形格纹图案的方肩裙（如对页右下图所示的缎面镶边天鹅绒外套和罗缎连衣裙），晚装方面则是亮黄色、绿色和橙色的缎面连衣裙（见对页右上图）。

古典主义与巴洛克幻想

马克 · 博昂将这一春夏系列（见右图）命名为"回归古典主义"，重点关注简约的背部廓形、轮廓分明的肩部线条、腰间系带的柔美线条和及膝的下摆。博昂对 *VOGUE* 杂志说："我的作品体现了温婉柔美和利落帅气。我使用了大量的蓝色——从浅浅的海军蓝到浓郁的蓝绿色，还有许多黑色和全白的作品。"他摒弃了印花，"我更喜欢条纹，我用了很多种条纹，特别是双色宽条纹。"

"他最好的设计是一件低领双排扣外套，白天与航海贝雷帽搭配，晚上与刺绣上衣和长裙搭配，效果都很好。"《纽约时报》评价说。"他的春季高级定制套装采用了华达呢、法兰绒和亚麻布。" *VOGUE* 杂志报道说，而"许多绉绸晚礼服短裙都有单肩式领口。"

博昂秋冬系列（见对页）的灵感来自"巴洛克式幻想和拉斐尔前派的中国风。"时装系列笔记写道。迪奥高级时装屋表示，博昂设计了"柔软飘逸的斜裁晚礼服，饰以镶嵌物、薄纱或蕾丝的'福图尼'褶皱裙"，与前一年春夏系列（见 188–189 页）中引人注目的腰带设计相呼应。

"随性、飘逸"

关于马克·博昂的春夏高级定制系列（见右图），《纽约时报》宣称其"保持了最现代的轻松流畅风格"。该系列在克利翁酒店展出（该系列原定于传统的蒙田大道迪奥高级时装屋展出，由于观众超出预期人数，故改至此处），系列作品包括"基本套装，裤长及踝，裤脚口较宽，有的带翻边"，而"在连衣裙上，博昂对多年来一直在使用的抽绳设计做了进一步改动"。

"抽绳在腰围线处，离下摆只有几厘米；衣裙通常有蓬松的短袖，并印有红点等活泼的图案。"《纽约时报》写道，"博昂创作的款式不仅维护了高级定制的荣誉，而且还穿着舒适。"

博昂为秋冬系列设计了格子套装，搭配齐踝长裙，饰以围巾。"衣服的腰部用抽绳松松地系着"，而"夜晚，黑色与金色搭配是最流行的主题，金色丝绒、金色锦缎和黑色天鹅绒（见对页）形成了绝妙的效果。"《纽约时报》报道。

奥布里·比尔兹利插画

马克·博昂为迪奥设计的春夏系列（见右图和对页左图）侧重于明亮的颜色和醒目的图形图案，从条纹到波点都有使用。该系列的廓形给人轻松空灵之感，博昂还在透明度上大做文章。*VOGUE* 杂志在其春季时装报道中写道："马克·博昂创作的黑白相间图案具有强烈的冲击力"，女演员伊莎贝拉·罗塞利尼穿着迪奥"出人意料的皮耶罗'睡衣'……以及斜裁丝缎绉纱连衣裙，搭配窄裤……波点的完美融合"。

博昂的秋冬系列（见对页右图）旨在向"奥布里·比尔兹利（Aubrey Beardsley）及其在维多利亚时代晚期的狂野绘画"致敬。《纽约时报》写道："头巾和羽毛头饰、蕾丝灯笼裤和心形领口的灵感来自 19 世纪的一些狂野元素。"

幻象感与"蜻蜓"礼服裙

迪奥春夏高级定制系列(见右图)的主题是"幻象感"。"三角"套装(宽肩、束腰)的腰带和翻领充满"幻象感",配以水手帽和双色贝雷帽。连衣裙上也印有"幻象感"图案。晚礼服以透明丝织物制作的茧形裙为特色。该系列口碑极佳,并为博昂赢得了他的第一个金顶针奖。

"动感、精致、弯曲、柔韧、性感"——时装系列笔记如此描述博昂秋冬系列(见对页)。肩部加宽,腰部降低,套装中性化。晚礼服方面,有"围巾裙"、"军装裙"、"苏格兰短褶裙"和"蜻蜓"裙(下半身是"美人鱼"式长裙)。

克林姆与波洛克

《女装日报》称赞马克·博昂的春夏高级定制系列（见右图）是"一个剪裁精美、惹人喜爱的女性化系列"，该系列重点展示了长廓形，"柔软的内穿式华达呢或羊毛套装，或腰间束带的丝绸连衣裙"，搭配"长而松"的外套。然而，博昂最引人注目的作品是一系列用"克林姆刺绣"装饰的服装（早于加利亚诺的克林姆风格很多年，见 456 页），时装系列笔记写道："长长的束腰外衣、背心、外套或长袍，白色底布上绣满金线，形成深浅不一的白色调，或用鲜艳的紫罗兰色、紫红色、绿松石色和黄色刺绣。"

博昂将他的秋冬系列（见对页）作品置于"对立符号"之下，时装系列笔记如此解释。有"紧身连衣裙与超大的大衣和外套、粗花呢与菱形纹、黑色与艳丽色彩"。继上一季古斯塔夫·克林姆（Gustav Klimt）之后，博昂开始从抽象表现主义画家杰克逊·波洛克的作品中汲取灵感，创作了明亮的"滴水"刺绣和印花图案，这些图案装饰在短款波蕾若外套晚礼服和及地紧身连衣裙上（有时还饰以由黑玉和彩石构成的"波洛克"风格珠宝）。

"曲折"礼服裙与精裁西装

"宽肩、细腰、长腿"是这个春夏高级定制系列（见右图）的主题。迪奥品牌称，继克里斯汀·迪奥最初的"曲折"系列（见30页）几十年后，马克·博昂推出了不对称的"曲折"晚礼服、垂褶袖裙和配有"日式和服宽腰带"的"朱漆"刺绣紧身连衣裙。

在他的秋冬高级定制系列（见对页）中，马克·博昂推出了英气逼人的西装，紧束腰带，焕发出起源于1947年的迪奥套装精神，配以"星座主题"珠宝。

《女装日报》指出，马克·博昂"为迪奥设计的服装系列调皮、利落、时髦"，给人以"心态年轻"之感。"臀部紧裹，引人注意，膝盖外露，"该杂志报道说，"这种新廓形总是裁剪得很撩人，用紧身上衣勾勒出胸部轮廓，有时还会在简洁的高领连衣裙上饰以贴花。"

裙摆式腰部设计

马克·博昂在春夏高级定制系列（见右图）中专注于黑白色彩的对比，《女装日报》将其描述为"不遗余力地尽显简约，使其具有协和飞机制服般的中性流畅感"。博昂称其优雅不做作。

但如果颜色保持相对简单，那么形状就会显得特别强烈。"迪奥套装新颖、柔美的裙摆式腰部设计"引起了 VOGUE 杂志的注意。"腰部轮廓表现得极其生动，采用去年秋季高级定制服装（见 201 页）中干练的骑装式外套和裙摆式上衣设计，将腰部改造成拱形和波浪形，搭配关键性的黑色漆皮宽腰带来突出整体效果。"《女装日报》报道。

博昂在秋冬（见对页）推出了"勇入新奇氛围系列"，《女装日报》称。该系列有奇形怪状的珠宝（从"箭头"耳环到迪奥心形胸针），还有从他之前的高级定制系列延续下来夸张的裙摆式腰部造型。

《女装日报》也提到了"突出臀部的口袋和紧身短裙，金属斑点的针织连衣裙在白天闪闪发光……套装上的鸡毛镶边口袋滑稽有趣，晚礼服上飘逸的塔夫绸裙摆在钉珠紧身短裙外肆意'绽放'。"

"新风貌" 诞生四十周年

时装系列笔记指出，为纪念品牌创立四十周年及"永恒迪奥"主题，马克·博昂的1987春夏高级定制系列（见右图）改进了迪奥著名的剪裁设计，日装采用"圆肩、方肩（和）漆皮腰带"。晚装方面，设计师推出了一系列塔夫绸或透明丝织物制成的短而飘逸的"美好时代"连衣裙，以及端庄大方的"花冠"和"扇形"长裙。

时装系列笔记描述了秋冬系列时装（见对页）的产品线精髓在于"圆肩、高腰、短裙"。大衣搭配连衣裙套装采用传统的"男性"面料剪裁而成，高腰、方领、毛皮镶边，"康康"裙则裙裾翻飞。

"新的'新风貌'获得盛赞……宽型大外套用料奢侈，新式短裙的裙摆摇曳生姿。"《泰晤士报》报道，"为了展现新款下摆的风情万种，马克·博昂用貂皮和栗鼠皮草镶边，或者在其中装入金属丝定型，使其呈钟形。"

超迷你帽饰与化装舞会

马克 · 博昂的春夏高级定制系列 (见右图) 展示了
"用钱能买到的最好的西装",《女装日报》称。迪奥
高级时装屋解释, 大衣搭配连衣裙日装包括 "套装、
连衣裙和带有 '束腰' 的骑装式外套", 以及 "'内
衣式' 衬衫和带有束胸的连衣裙, 饰以印花或点状
雪纺荷叶边"。晚装方面, 有 "'七分袖' 的 '露肩低
胸短裙' 和斑马纹褶皱薄纱 '围巾裙'", 或者 "以 '纱
笼' 包裹、以围巾收尾的不对称露肩长裙"。

博昂的秋冬系列 (见对页) 既奢华 (金色锦缎、皮草
装饰和丰富的刺绣), 又具奇思妙想 (如羽毛般蓬松
的夸张设计和化装舞会主题作品 : 刺绣面具图案的
短款晚装外套搭配真的黑色天鹅绒面具), 荣获当季
最佳高级定制系列的金顶针奖。

"印度之年"

马克·博昂将其为迪奥设计的最后一个高级定制系列命名为"印度之年",以印度的色彩、精神和传统服饰为主题(奇安弗兰科·费雷为迪奥设计的最后一个高级定制系列也是同一主题,见 254 页)。

博昂将象征印度服饰的粉色、黄色和橙色色调与克里斯汀·迪奥最喜欢的花卉图案(刺绣或印花)结合在一起,推出了"金字塔和纱丽系列",晚装采用透明丝织物或丝绸雪纺制成长长的纱丽,日装则采用粉彩色系麂皮绒制成"金字塔"造型的大衣。

套装也没落下,有"肩部窄小、长短不一的衬衫领宽摆外套",有"以'盆花'和'窗棂'为主题的刺绣麂皮绒宽摆外套,搭配或长或短的丝绸雪纺百褶裙裤"。

"时装秀结束后第二天,都市丽人们直奔迪奥,抢购马克·博昂时髦而不浮夸的套装和令人无法抗拒的简约雪纺服装。"《女装日报》报道。

奇安弗兰科·费雷

重释迪奥

1989 年 5 月，奇安弗兰科·费雷被任命为克里斯汀·迪奥总设计师，这是一件大事。首先，这是一场"政变"——费雷是当时最时尚、最受赞誉的设计师之一，也是贝尔纳·阿尔诺任命的第一个设计师，这位四十岁的法国金融奇才于 1984 年收购了迪奥，当时迪奥属于濒临破产的阿加奇·威洛 - 布萨克公司所有。之后迪奥恢复了元气，财务状况很稳健，重新成为国际知名品牌。需要指出的是：在迪奥高级时装屋存在的三十二年里，费雷只是第四位艺术总监，迪奥先生从未用过这样的现代术语（他只称自己为"服装设计师"）。费雷也是第一个从未真正见过迪奥先生的设计师——事实上，伊夫·圣罗兰和马克·博昂都曾受雇于迪奥本人。

虽然奇安弗兰科·费雷的才华诞生于米兰的成衣行业，而不是巴黎的高级定制工坊，但与其前辈们相比，费雷可能与迪奥先生有更多的共同点。他们的外貌惊人地相似，尽管费雷多了一把胡子；迪奥四十一岁时创立了自己的品牌，费雷 45 岁时接管了公司；两人在情感上都与母亲紧密相连——迪奥用自己的作品复兴了他母亲所在"美好时代"的辉煌，而费雷则经常回到母亲家中睡觉，即便在他接手下的迪奥如日中天时也是如此。迪奥先生的风格不似圣罗兰那么激进，比起博昂更为浪漫，而费雷的美学则与迪奥先生一脉相传，他欣赏迪奥先生对装饰、风格化的廓形、诱惑力和女性魅力不加掩饰的热爱。20 世纪 80 年代，费雷在自己的品牌上尝试了类似的风格，制作出华丽的晚礼服和曲线优美的日服，带有 50 年代的"甜蜜生活"风格，现在回想起来，这是他低调的个人"签名"。人们在迪奥中很容易找到"甜蜜生活"风格。

然而，尽管两者在审美上有相似之处，费雷就任迪奥艺术总监却标志着时尚行业的转变：高级定制服装从女性（指的是那些有能力为一套衣服一掷千金的女性）必需品，变成了商业必需品。

高级定制已经成为一种有价值的营销工具。到 20 世纪 80 年代末，迪奥掀起了一股变革的热潮——不仅需要进化，还需要革命。

费雷最初在米兰理工大学接受建筑师培训，1978 年在米兰建立了自己的成衣业务，当时正值意大利时尚蓬勃发展的时期。他的女装以复杂的结构和夸张的廓形——两者都是迪奥的标志，吸引了人们的注意。费雷被称为"时尚建筑师"（继建筑学学位之后的又一个头衔，实至名归），费雷的服装系列重新复活了对 1947 年迪奥首季时装秀影响重大的复杂结构和超大比例设计。如果说迪奥设计的裙子是建筑作品，那么费雷设计的女装也是。

在他的七年任期里，费雷将迪奥的"新风貌"视为关键，通过尺寸夸张的设计元素——翻领、袖口、紧身腰带，创造出曲线优美的廓形。将千鸟格与蕾丝结合起来，将花朵塞进舞会礼服的领口，并推出了迪奥女士手提包。这款手袋的绗缝"藤格纹"脱胎于高级时装屋中迪奥偏爱的藤条椅，正如那些花朵、舞会礼服、蕾丝与羊毛面料的混搭、男性特质与女性特质的融合等，都是对迪奥过去作品的巧妙借鉴。费雷是第一个将迪奥历史作为其 20 世纪八九十年代新风貌设计基石的设计师。"我不想和幽灵一起生活，"他说，"但我尊重高级定制的传统。"

费雷在迪奥的工作并不仅限于服装。从本质上讲，他的任务不是重塑迪奥，而是复兴迪奥，建立能够在新时代代表迪奥的品牌准则——可以从高级定制的高度进行诠释，通过成衣，传递给香水、配饰和美容用品。费雷带给迪奥的，与其说是新形象，不如说是新身份——用过去的元素创造未来。

撰文 / 亚历山大·弗瑞

"宽领结 – 塞西尔·比顿"

"宽领结 – 塞西尔·比顿"是奇安弗兰科·费雷为
迪奥设计的第一个高级定制系列,旨在唤起"英姿飒
爽的女性魅力"。

该系列的灵感源于塞西尔·比顿(Cecil Beaton)为
1964 年由乔治·库克(George Cukor)执导的电影
《窈窕淑女》(My Fair Lady)创作的爱德华时期上流
社会风格的服装。为了向电影的中心场景致敬,该
系列秀场设置在皇家阿斯科特赛马场,置身其中观
看赛马的男士身着剪裁考究的灰色燕尾服和配套高
帽,女士则穿着白色及地蕾丝长裙,配有黑色蝴蝶结
和缎带。

日装方面,费雷选择了"朴素的男性化面料(包括粗
花呢、巴拉西厄面料、法兰绒、威尔士亲王格面料)
与精致、女性化的丝绸、薄纱和欧根纱白衬衫形成
对比",并散发出"和服袖的流动魅力",所有作品的
色调都以灰色、黑色、白色和米色为主。

晚装方面,费雷展示了大量的落地长裙,材质包括真
丝罗缎、公爵缎、塔夫绸和闪亮的欧根纱,交错嵌
绣着珍珠和宝石,金银斑驳,或者饰以层层叠叠的
花朵,玫瑰、铃兰、乡村花园里的鲜花和常春藤钉在、
印在或绣在服装上。

这是奇安弗兰科·费雷在迪奥的首次亮相,该系列
在同年获得了著名的金顶针奖。

"仲夏夜之梦"

奇安弗兰科·费雷为迪奥设计的第二个高级定制系列，其特色是"轻盈"，该时装系列笔记这样描述。系列分为五幕（"忽然之间，去年夏日""游行、城市和公园""花园里的鲜花""宝石、梦想和神秘""夜晚、场所和宫殿"），并以威廉·莎士比亚的喜剧命名，该系列让人沉醉在"夏日傍晚薄暮时分"。

"一阵微风拂过，欧根纱闪闪发光，如羽毛般轻盈。夏日已至，紫红色、淡紫色、深绿色、赭石色、灰色、白色、橘黄色，色彩斑斓，令人眼花缭乱。"时装系列笔记写道，"淡黄色丝缎熠熠生辉。面料恍若前所未见……一层层蕾丝、刺绣、透视效果和幻象感设计。一切都像夏日空气般轻盈。"

该系列带着"一丝狡黠、一点幽默感且具有反差感，比如一件欧根纱雨衣，腰部打了一个硕大的蝴蝶结，配上一顶巨大的草帽（见对页右下图）。"

费雷"仍然坚持服装与身体联动的理念。他喜欢修身的廓形，搭配非常直的裤子或裙子，泡泡袖的外套或用双面薄纱丝带束腰。"

帽子非常夸张，"宽檐帽轻轻遮住脸部"，还有"他的蕾丝、紫丁香、绗缝、山东绸、条纹丝绸、塔府绸和垂坠效果设计为女性的一举一动增添魅力，而层层叠叠的面料给人以丰盈的感觉——为仲夏夜之梦做好准备。"

"冬夜的寓言故事"

继上一季莎士比亚式的"仲夏夜之梦"系列（见 216 页）之后，奇安弗兰科·费雷将新一季的高级定制发布会命名为"冬夜的寓言故事"。

费雷"用深蓝、紫罗兰、靛蓝和墨色，以及淡粉色月亮和银色星星，展现了东方群星闪耀的夜空，以及东方神话和寓言中的所有魔力。"时装系列笔记说道。

"帝国之夜在塔夫绸、粗横棱纹织物、天鹅绒、丝绸和公爵缎永无止境的梦中得以完美体现，融化成一片暗粉红色——洋红、茶玫瑰色和印度玫瑰色，或是变成红、紫、亮金和宝石般炫彩的石榴红色。这些颜色呈现出水果、鲜花、地毯图案的幻象感，让人沉醉，使人联想到神秘东方或闪亮的银线刺绣胸针。黄金和红宝石刺绣雍容华贵，在外套翻领上熠熠闪光。"

"这个系列充满温柔的氛围和具有迪奥风格的垂坠感：高级时装的垂坠感。"费雷告诉《女装日报》。"系列廓形紧贴身体，却毫无束缚之感——它是漂浮着的。""有点提埃波罗 (Tiepolo) 的味道，"这位设计师补充说，"这一切都源于我的一个想法：用类似头巾但更为自然的面料来让脸部显得更柔和。"

"爱之约"

奇安弗兰科·费雷在这个系列中制造出一种轻松和浪漫的气氛，将其命名为"爱之约"，分为五个令人回味的标题（"情书"、"最深的记忆"、"春天来了"、"盛夏"和"不眠之夜"）。

"明天就是春天，是闪亮的花束迸发出清新色彩的时候，"时装系列说明中写道，"童话般的粉紫、珊瑚、橙色和嫩蓝色调；春日天空的淡蓝，夏夜的深蓝。

"凉亭中，女人们身着不对称裙，裙摆摇曳，沙沙作响。服装廓形为纯粹的基础款式。面料华丽而柔软，采用对比鲜明的亚光和光泽感材质制作成合身的野性丝绸大衣裙、华达呢套装和白色透明丝织大衣。"

为了展现"轻盈中的奢华感"，费雷寻求"更新伟大的迪奥经典元素，如巨大的欧根纱蝴蝶结（见224页），或调皮生动的千鸟格纹呢、威尔士亲王格纹呢、羽毛……黑色、白色，还有粉色宽条纹。"迪奥高级时装屋阐述道。

"我想点燃人们的幻想，"设计师告诉 *VOGUE* 杂志，"我总会幻想一个女人在微风中前进或逆风而行。该系列有一种空气感，其蕴藏于褶皱的布料、披肩或裙裾中，甚至在裙摆宽大的舞会礼服中。"

"我很喜欢蝴蝶结和大帽子，"费雷补充说，"因为它们能展现出效果、平衡感和新细节。帽子是一种情调，一种可以出现或消失的面部伪装。女人喜欢戏剧化的配饰。"

"秋日光彩"

该系列名为"秋日光彩",以本季的红、金、黑和米色为基调,采用适度奢华的面料呈现,并突出了坠饰、围巾、披肩和褶裥。

"惬意秋日的某一天,柔和的阳光透过最后几片零落的树叶。"时装系列笔记写道。这一季,迪奥女郎"身着柔软的几何图形套装,肩颈围绕着披肩⋯⋯轻盈、优雅、精致的真丝云纹绸'雪尼尔'套装或羊绒大衣随着她的倩影摇曳生姿。

"翌日,迪奥女郎身着黑白混色花呢套装,缓缓展开外套,内搭衣物精彩纷呈:各种材料——驼绒、塔夫绸、丝绸、皮草、花缎、羊绒、真丝绉绸、斜纹软呢或千鸟格纹呢,趣致地采用龟壳状亮片、鳄鱼纹绗缝丝绸,甚至还有蟒纹或蜥蜴纹裙子。她喜欢沙色色调,但这次却穿着鲜艳明亮如朱漆般的红色和粉红色闲庭信步。"

最后,"当夜幕降临,空气中弥漫着晚间庆典的香味,她身着金色华服,在琼楼玉宇中跳舞。"晚装作品流光溢彩,如凯伦·穆德(Karen Mulder)在该系列的结尾展示的银色晚礼服(见 228 页左下图)。

"夏日微风"

奇安弗兰科 · 费雷推出了一个以大自然为灵感的系列服装，名为"夏日微风"，带领我们走进了克里斯汀 · 迪奥心爱的花园。

"夏日清晨，沐浴在绚烂美妙的阳光下，公园和花园中热气逐渐蒸腾，浸透着一种朦胧感性的氛围，柔软惬意，正是闲庭信步、不期而遇和午夜聚会的好日子。此时，轻盈、飘逸的倩影在小路上摇曳生姿，真丝欧根纱、塔夫绸和透明丝织物在夏日微风中沙沙作响。"时装系列笔记写道。

"明媚的鲜花、一闪而过的蕾丝、日光黄的稻草、翠绿的青草和湛蓝的天空"赋予该系列鲜艳夺目的色彩，也启发了高级定制的园丁们设计醒目的宽檐草帽的灵感。

费雷的花园里还有"一群优雅的女士，她们身着印有花朵的宽松透明丝织绣花衬衣、超大红黑格纹套装（亮闪闪的苏格兰格子花呢、形成对比的条纹和千鸟格）、带有束身胸衣的白色薄纱刺绣棉质鱼网裙、真丝人字纹长裤套装、长长的抽褶薄纱和缎带鱼网裙以及日光黄塔夫绸外套"。

在令人惊叹的压轴花卉晚礼服出现前，设计师利用由 Lesage 刺绣坊制作的丝质连衣裙制造出幻象感，给人以"闪亮的立柱上枝叶蔓生"之感（见 233 页右下图）。

"威尼斯冬季之谜"

奇安弗兰科 · 费雷在他的祖国意大利寻找本系列高级定制的灵感。该系列以红、金和灰色为主色调，名为"威尼斯冬季之谜"，不仅反映了威尼斯的标志性色彩，而且还展现了其 18 世纪的辉煌景象。

这一季，迪奥女郎"喜欢穿炭灰色的中长款连衣裙，她用银色的狐皮波蕾若外套来增添一抹亮色。实际上，她就是喜欢所有的灰色：造成飞行延误的漫天迷雾灰、大象灰或威尼斯宫殿的大理石灰，以及威尼斯上空柔和的灰色阴影……被不同深浅的红色火焰照亮的灰色阴影。"时装系列笔记这样写道。

"她喜欢穿黑、灰、白色的大衣和套装，用帽子、上衣，甚至鲜花的一抹红来增色，但这对她来说还不够，她觉得还需要像珍贵宝石一样发光的矿物色——红宝石和紫水晶色的双面大衣、红宝石色缎面刺绣围巾、具有包缝效果的青金石色幻象感连衣裙。

"她穿着鸽羽灰色羊毛套装，袖口镶米色灰鼠绒，还有红色粗横棱纹羊毛大衣，用金边给红色皮质挂面锁边。她就是喜欢绝妙的细节，如极大的大衣领子、精致的黑色皮质袖口或天鹅绒项链……她梦见 18 世纪威尼斯晚会的寓言故事——大理石的琥珀色暗影、壁画的亚金色，美丽动人。"

"夏日印象"

继以威尼斯为灵感的秋冬高级定制系列（见 234 页）后，奇安弗兰科·费雷继续停留在 18 世纪，将目光投向了 18 世纪法国洛可可时代画家让－奥诺雷·弗拉戈纳尔（Jean-Honoré Fragonard）和意大利新古典主义雕塑家安东尼奥·卡诺瓦（Antonio Canova）的作品，后者以白色大理石雕塑（大理石白是这个系列的中心色）闻名。

系列以夏日日出为场景，"修长的剪影出现在一片近乎透明的白色中：萦绕着安东尼奥·卡诺瓦和弗拉戈纳尔精神、交织着新古典主义梦想的崇高的白色氛围，"时装系列笔记描述道，"一种轻盈、流畅、自由的印象：所有那些难以捉摸的夏日印象。"

贝壳式褶裥、蓬松的袖子、喇叭状下摆，柔软宽松、空气般轻盈的衣服随着女性优雅的身姿摇曳摆动。一阵任性的风吹过巨大而闪亮的塔夫绸云朵——将透明欧根纱带来的愉悦触感传遍肌肤……修长的垂褶套装或低领衬衫裙重新焕发乐趣；随之而来的是透明的黑色流苏花边和如原始服饰般的棕色草编花边，文静娴雅，令人陶醉。

"镜花水月"

奇安弗兰科·费雷的高级定制系列以文艺复兴时期的辉煌为主题，名为"镜花水月"，以赞美高级定制本质上的"非同寻常"。

"高级定制不是用来解决日常着装问题的，而是对我们的梦想、直觉和愿景的回应。"费雷在该时装系列笔记中写道，"通过高级定制，人们能发现与丰富多彩的新造型交织在一起的全新的感知方式。

"1993—1994 秋冬系列，我想要一些更有型、更柔韧、更自由、更生动的诱惑力……（重新发现）提香（Titian）惊人的色彩炼金术，他那强烈深邃的红色、紫色、金色和午夜蓝，还有委罗内塞（Veronese）独树一帜的棕色、红色和绿色，色彩饱和艳丽，画面细致入微，令人愉悦。

"我们感受到绘画色调或传统手工织锦缎色泽中蕴藏着激情——绝佳的面料，如层层叠叠的金色真丝绉纱、印花羊绒、麂皮绒饰边和镶嵌的人字纹……长裙笔直的线条像旗帜一样在微风中飘动。"

"夏日悖论"

奇安弗兰科·费雷为该系列（名为"夏日悖论"）赋予"法国怪才"精神，特别是"了不起的女性"风格（她们喜欢穿袒胸露肩的浅白色束腰上衣，灵感来自古希腊和罗马）和18世纪末法国大革命后的"不可思议者"风格（巧合的是，这也是约翰·加利亚诺的主要参考对象之一）。费雷还从那不勒斯及其所有宝藏中汲取灵感。

"一片蔚蓝色的天空——混合着稻草般柔软的浓郁色调——暗藏花朵，花样的衬裙。"时装系列笔记写道，轮廓非常女性化，"上衣圆润，裙摆微张，袖子蓬松"，同样少不了"裙子前平后翘，外套前短后长"，呈现出一种幻象感。

设计师的调色板严谨且精致，配有珊瑚色、粉色、黄色、绿松石色、韦奇伍德瓷蓝色调和佩斯利印花，而面料则尽可能保持轻盈，既有羊绒和雪纺，也有酒椰纤维、亚麻、野蚕丝、真丝提花料和毛巾布。

"万木葱茏的冬日"

时装系列笔记写道,这个系列名为"万木葱茏的冬日",试图营造出一种"由炼金术和激情蜕变而成的具有魔力的奇幻梦境"。

"出乎意料的色彩点缀,几乎难以为肉眼所见,打破了自然的平衡。虚构的昆虫、被施了魔法的树叶和神奇的动物,这些记忆中的影像重新组合幻化成一位'神秘女人'。"迪奥高级时装屋这样形容。

轮廓"像某些风雪中的幻影一样模糊",其特点是"圆形剪裁使线条流畅、圆润",以及"用轮廓分明、凹凸有致的腰线为肩部和胸部带来一种新的丰盈感"。

"通过烤漆压花"来展现花朵的效果,"世界上最柔软的花边(被)改造成神奇的树叶地毯",配饰包括"深色珠宝和夺目的蜻蜓饰品",营造出符合该系列主题的森林气息。

"极致"

奇安弗兰科·费雷从 20 世纪的艺术中寻找这个系列的灵感，并将其命名为"极致"。更确切地说，他借鉴尼古拉·德·斯塔埃尔（Nicolas de Staël）、安迪·沃霍尔（Andy Warhol）和杰克逊·波洛克的风格，实现了一场"非理性的色彩之旅"。

正如时装系列笔记所述，设计师着手创造演绎"不同时代的积淀，以及诸多世纪和影响力的巧妙层叠：高级定制正在颠覆常规；于传统中创造乐趣。"

整体廓形与"20 世纪 50 年代的外观"相呼应。欧根纱使臀部更加圆润，塑造充满女性魅力的极致身形。胸部较为裸露，肩部狭窄但结构合理。腰部一如既往的轮廓分明，通常是收紧的，有时甚至是勒紧的。

欧根纱是这个系列的明星面料，搭配上"糖果黄的丝绸、毛茛黄的蕾丝和日光黄的薄纱——同一种色彩将不同材质的面料融为一体。"

"向保罗·塞尚致敬"

在巴黎大皇宫即将举行艺术家保罗·塞尚（Paul Cézanne）作品回顾展之际，迪奥推出了这个系列时装，向画家保罗·塞尚致敬。

"克里斯汀·迪奥曾以系列服装向约翰内斯·维米尔（Johannes Vermeer）和让－安托万·华托（Jean-Antoine Watteau）致敬，"迪奥高级时装屋称，"因此，向伟大画家致敬是对克里斯汀·迪奥本人和他寻找灵感的方式的致意。"

"奇安弗兰科·费雷为致敬塞尚和迪奥先生而设计了一场无拘无束、充满创意的烟花般绚丽的表演，他汲取塞尚的颜色和色调，进行巧妙编排。轻盈而富有节奏感的律动，充满了对这位现代绘画天才的热烈喜爱之情。"时装系列笔记写道，塞尚好比一位"服装设计师"，而他的"独家客户"则是普罗旺斯地区艾克斯的圣维克多山。

"为了向塞尚致敬，迪奥借鉴了画家作品中神奇的色调。阴影被一抹光线照亮，闪烁的星星点亮了原本阴郁的颜色，就像'冷水上的一点阳光'，来自塞尚早年的调色板"，散布各处的灰、黑和棕的色调在《那不勒斯的午后》的红色、《蓝色花瓶》的钴蓝色、《苹果盘》的朱红色或《圣维克多尔山》的翡翠绿色点缀下变得耀眼夺目。

该系列本身结合"非常合身的剪裁，保持轻松和舒适，具有优雅的诱惑力……圆润的肩膀与臀部呈现出一种微妙的和谐感，扬长避短，突显女性魅力"。

"克里斯汀·迪奥的花园之中"

奇安弗兰科·费雷将目光投向迪奥品牌创始人最喜爱的地方，并将本系列命名为"克里斯汀·迪奥的花园之中"。

时装系列笔记甚至在开头引用了迪奥先生的话："我为如花一般的女性设计衣服，她们拥有柔美的肩部线条、丰满的胸部、藤蔓般纤细的腰肢，身穿如花冠般丰盈绽放的裙子……花，继女人之后，是上帝给予世界最好的礼物。"

费雷试图用该系列唤起"花漾女性的所有神秘感。春天的花蕾含苞待放。少许粉红色、香草色、杏仁色和晨雾般的灰色。男孩般帅气的套装下藏着蕾丝花边。黄铜色衬裙将华丽的夏装散发出来的炽热夏光融入暴风雨的天空中"。

迪奥高级时装屋描述该系列有两个重要的廓形："一个修身，胸部突出，腰部收紧，肩部圆润，臀部造型优美；另一个摇曳、浪漫、带有衬裙，采用裙裾、欧根纱褶裥和刺绣花边"。

"省道、滚边、线迹和斜裁"有助于"突出裙子的丰盈感"，主要采用天然丝绸，"品种齐全：山东绸、塔夫绸、蝉翼纱、欧根纱、雪纺、罗缎、缎子和斜纹绸"。

颜色是这个系列的核心元素，时装系列笔记中提及的每一种颜色在迪奥先生撰写的《时尚小词典》（*The Little Dictionary of Fashion*，这本小词典图文并茂，其中文字的中文译著有《迪奥时尚图典》——译者注）中都有介绍。灰色是"最百搭、最实用、最优雅的中性色"，而白色"在夜晚看上去比其他颜色更美"，但粉色及其多种色调主导了整个系列，"粉红色是所有颜色中最甜美的色彩"，克里斯汀·迪奥称，"它代表快乐和温柔，每位女性都应该有几件粉红色的衣服。"

"印度风情"

奇安弗兰科·费雷为迪奥设计的最后一个高级定制
系列名为"印度风情",灵感来自印度的宝藏和色彩,
设计师在 20 世纪 70 年代曾多次前往印度。

迪奥将该系列描述为"色彩的奥德赛",它既着眼于
西方,"强调经典的黑白几何纹样,如克里斯汀·迪
奥的传统设计……多处巧妙地用动物图案点缀",也
借"明亮的缎子……绗缝的羊绒、塔夫绸或丝绸外套"
展现其"想象中的东方式现代风情"。

该系列的主要颜色反映了其中心主题,"微光闪烁的
孟加拉烟火蓝、明亮温暖的琥珀色、紫色或紫红色",
当然还有渐变的粉红色(戴安娜·弗里兰描述其为
"印度海军蓝"),以及黄褐色和紫铜色,"一些金色
和琥珀色的运用凸显了身体的每个姿态,令这条奢
华的暖色系彩虹臻于完美。"

衣服廓形"柔和而挺拔"。"连衣裙看起来很高贵,束
腰式样,端庄而飘逸。日装以严格、简单的笛卡尔
式剪裁和优雅经典的男装面料为主……晚装方面,
裙子更长、更丰满。晚宴礼服或盛会礼服、紧身裙
或真丝裙、雪纺或欧根纱克利诺林裙,都在阿拉伯
式刺绣花边、亮片和珍珠的迷人漩涡中飞扬。对晚
装来说,再奢侈也不为过。"

约翰·加利亚诺

崭新开始

如何纪念克里斯汀·迪奥革命性的"新风貌"五十周年? 用另一场革命。1996 年, 英国设计师约翰·加利亚诺——他是水管工的儿子, 1960 年出生于直布罗陀市, 但在伦敦长大——成为赫赫有名且受人尊敬的克里斯汀·迪奥品牌的创意总监。加利亚诺的首件作品是为威尔士王妃戴安娜设计的, 她穿着它参加了纽约大都会艺术博物馆晚会, 为迪奥作品纪念展揭幕。当时是 1996 年 12 月, 纪念展的开幕 (以及礼服的问世) 恰逢该品牌成立五十周年; 而约翰·加利亚诺的第一个高级定制系列于 1997 年 1 月推出, 彼时它早已成为历史性的里程碑。

加利亚诺就职于迪奥就像他穿上高级定制西装一样完美妥帖。多年来, 他一直迷恋迪奥先生的作品, 曾在巴黎举办时装秀, 致敬这位逝去的大师, 致敬迪奥先生的轮廓设计、高超技艺以及其对于丰腴迷人的女性的毫不掩饰的偏爱。与此同时, 加利亚诺的时装秀也是一份履历, 充分表明他资历出众、能力超群, 足以承担这一时尚界最大的荣誉和最重要的责任。加利亚诺将之前的五年经历描述为自己对这一角色的演练。"这是世界上最伟大的品牌," 在 1996 年底拍摄的一部英国纪录片中, 他如是说道, 很明显心存敬畏, "我从未想过我能真的有机会掌管迪奥。我怎么能拒绝呢? "

鉴于加利亚诺的浪漫主义风格和对剪裁的出色掌握, 他看起来就像品牌创始人的当代化身, 迪奥又怎么能说不呢? 加利亚诺的技艺从他的第一个系列就可见一斑 : 1984 年他在圣马丁艺术学校的本科毕业设计作品 "不可思议者" 系列, 以 18 世纪的一群花花公子命名, 引起了不小的轰动, 为他在国际时尚行业中赢得了一席之地。从那时起, 加利亚诺的服装设计就荣誉加身——尤其是在他成为纪梵希 (与迪奥品牌一样, 为法国商人贝尔纳·阿尔诺所有) 的设计师之后, 加利亚诺成为二战后第一个执掌法国高级定制品牌的英国设计师, 这是对他的一种高度认可。

加利亚诺的首秀受到殷切期待和好评如潮。艾米·斯宾德勒 (Amy Spindler) 在《纽约时报》上写下其对 1997 春夏高级定制发布会的评价:"加利亚诺先生的秀为他自己、为品牌创始人迪奥先生, 以及为充满不确定性的艺术未来, 都赢得了一份荣誉。" 而这也确实是他整个任期内的真实写照。加利亚诺设想的迪奥愿景宏大高远、复杂多元、兼顾过往、展望未来。他彻底颠覆了迪奥——毫不夸张地说, 他的系列解构了该公司的高级定制传统, 致力于寻找大胆新颖的元素。

加利亚诺的目光远远超出了"新风貌"。他决心创造他自己的新风貌, 使之成为迪奥高级时装屋 21 世纪的新标志。然而，即便是在他不断的革命中，也始终存在着对过去的尊重和敬畏。即使是一场专门讨论性癖好的秀，也植根于从迪奥档案中提取的剪影——但激发加利亚诺创造力的不是老调重弹，而是重新想象迪奥能为现代女性代表什么。

加利亚诺在迪奥的目标是采用传统模板重新定义品牌，但不拘泥于传统模板，而这一目标取得了惊人的成功。所谓传统模板不止于让人一眼即可认出的"新风貌"，而是整个迪奥本身。加利亚诺并不认同高级定制和迪奥高级时装屋的资产阶级基调——这是自伊夫·圣罗兰以来，第一位这样做的创意总监。此举为迪奥带来了惊人的现代感，重新激发了迪奥的活力，使该品牌在时尚界的影响力重回巅峰，并重新定义了创意总监应如何以及能在多大程度上重新塑造品牌形象。加利亚诺对迪奥的振兴成为创造性和商业性的成功之举，是其他品牌效仿的榜样。

加利亚诺在克里斯汀·迪奥的任期因故终止——加利亚诺在巴黎一家酒吧醉酒后发表了不当言论（自那之后他接受了戒酒治疗），于 2011 年 3 月被公司解雇。但他留下的"遗产"是不可磨灭的。他创造的时装不仅证明了克里斯汀·迪奥永恒的天才型魅力，而且也是他自己出色能力的展示。

撰文 / 亚历山大·弗瑞

马赛部落与米萨女士

迪奥高级时装屋成立五十周年之际，约翰·加利亚诺为该品牌设计的第一个系列在巴黎大饭店展出，那里按比例放大复原了迪奥最初的高级时装沙龙，配备了威严的楼梯、金色的椅子和迪奥灰的挂饰。

"我想了解迪奥先生背后的故事，以及是什么在激励着他。"加利亚诺告诉科林·麦克道尔（Colin McDowell）。"米萨·布里卡尔（Mitzah Bricard），珍珠，他母亲使用的香水，他所迷恋的母亲所处的整个'美好时代'的廓形，然后将其与马赛部落进行类比，这两种奇妙的廓形惊人的相似，骄傲、具有贵族气质：这是我的出发点。"

加利亚诺发现了迈尔拉·里恰尔迪（Mirella Ricciardi）关于非洲部落的著名照片，产生了"马赛人"的灵感。画家乔瓦尼·博尔迪尼（Giovanni Boldini）在爱德华时代的美女肖像画中，展现了紧身胸衣的"S 形"轮廓和美人鱼廓形礼服裙，加利亚诺将以上灵感相融合。

加利亚诺重塑了经典迪奥套装系列（见 24 页），"大幅缩短并刻意柔化"，采用"犬牙织纹或威尔士亲王格等考究的女性化男装面料"以及按刺绣图案切割成蕾丝花纹的白色皮革，如"迪奥贝拉"（见 262 页右图）或"加利迪奥"（见 262 页左图）等作品。

加利亚诺受到克里斯汀·迪奥的缪斯女神米萨·布里卡尔的启发，对"米萨丁香紫"这一淡紫色色调产生兴趣，并将其应用在所有的缎面衬里上，还推出了豹纹图案（米萨个人风格的标志之一），使其出现在"内衣式连衣裙上……绘制在碟形头饰上，为发型带来幽默、时尚和精致的感觉"。

马赛人带来了"五颜六色的装饰品、胸牌、小珍珠胸衣、平板式项圈和多串式手链，在给身体带来高贵和骄傲的气质的同时，也让人眼前一亮"，而"与旅行有关的异国情调……同样受到欧洲人对中式品味和中国风的迷恋的启迪。"

作为加利亚诺为该品牌设计的下一个系列（见 266 页）的主题的预演，中国风在"苦艾酒"（见右图）中表现得淋漓尽致，这条黄绿色缎面长裙的灵感来自中国出口的镶流苏刺绣披肩，几周后，妮可·基德曼（Nicole Kidman）穿着它参加了 1997 年的奥斯卡颁奖典礼，从而使其享誉全球。

迪奥的画报女郎

香港回归中国那年，约翰·加利亚诺为迪奥设计的第一个成衣系列在法国吉美国立亚洲艺术博物馆展出。该系列"轻描淡写地表现了历史与现代、昨天与今天、东方与西方之间的矛盾。"迪奥称。

该系列的灵感来自中国的画报女郎，即20世纪30年代的上海月份牌女郎。"我发现了一些香烟、香水和其他美容产品的广告，十分精美，其中有穿着紧身旗袍的美丽女性。她们让我备受启发。"加利亚诺告诉安德鲁·博尔顿（Andrew Bolton），"旗袍本身就已经是非常性感的服饰了，但我想通过斜裁夸张地表现女性的身体轮廓，使其更显性感。旗袍的膝盖处有一种自然的垂坠感，我在一些设计中令这种垂感更夸张。使用的面料极美：锦缎、带蕾丝边的轻薄丝绸，以及常用于男士领带和领巾的质地较厚的丝绸。"

东方的灵感与好莱坞女明星的审美交相辉映："简·曼斯费尔德（Jayne Mansfield）、金·诺瓦克（Kim Novaks）……以及法国著名女星碧姬·芭铎（Brigitte Bardot）超凡脱俗的女性气质。"模特们涂着醒目的红色指甲油、戴安娜·弗里兰式的腮红，异域风情十足。

该系列重塑了克里斯汀·迪奥"著名的悬垂式蝴蝶结（见78页），它如今演变成短而俏皮的气球裙"（见对页右下图靛青色紧身胸衣式连衣裙"迪奥周"），结合旗袍领、日本和服式宽腰带蝴蝶结和腰带，以及开衩束腰外衣与和服剪裁，该系列推出的"'L形'富有创意，剪裁手法极其娴熟，短裙和紧身连衣裙呈不对称的垂坠样式，显得风姿绰约，线条流畅。"时装系列笔记如是说。

该系列以曲线优美的"玛丽莲"超短套装（粉红色流苏饰边席纹毛料迪奥套装，搭配饰有珍珠的旗袍领斜裁羊毛绉绸连衣裙，如对页上图所示）开场，分为五个部分：迪奥的小甜心画报女郎（"聪明，常着浅色服、迷你裙、毛皮大衣"）、"迪奥的冷艳画报女郎"（"高雅、尊贵，喜欢黑色燕尾服、梅花和兰花色调"）、"迪奥的御用画报女郎"（"巴黎女郎，异国情调、色彩斑斓"）、"迪奥的波西米亚缪斯画报女郎"（饰演"朱丽叶"，绣有虞美人的玉色绉绸晚礼服，见右图），以及最后的"迪奥的朱漆画报女郎"（"性感、奔放：一身红衣的歌舞明星"）。

巴加泰勒的玛塔·哈丽

这一浪漫系列的灵感来自玛塔·哈丽（Mata Hari），在酷暑时节的巴加泰勒花园揭开序幕。时装系列笔记这样描述："该系列服装要表现的不是深陷阴谋和谎言的间谍，而是性感且充满异国情调的印度舞女形象，她穿着镶有钻石的紧身胸衣，身段犹如黑豹般柔韧。玛塔·哈丽仿若爱德华时代与美好时代的化身，阿拉伯花饰、紧身胸衣、蕾丝、真丝刺绣、深沉的颜色尽显极致魅惑，就如她描绘的印度一样华丽、性感和神秘。"

加利亚诺秉承了迪奥高级时装屋从画家和绘画中获取灵感的悠久传统，将他想象中玛塔·哈丽的形象，与她所处的美好时代的一些重要画家的作品融合在一起，这个时代亦对克里斯汀·迪奥本人产生过巨大影响。

时装发布秀的开场部分名为"迪奥风格的爱德华时代拉吉公主"，其中"新印度之爱德华风格"重塑了经典的迪奥套装，并通过新的"金字塔"系列重现（见273页）。新系列"直接受到恩德贝勒女性的启发，她们的传统是把自己严严实实地裹在毯子里，采用夸张的剪裁，产生"一种从后背向上直到颈部的动感，有时会形成领型随意的披肩效果或披肩式斗篷，甚至堆在肩上变成巨大的毛毯领"。剪裁精致的紧身廓形饰以印度王公贵族风格的珠宝（由 Goossens 金银坊设计），这些珠宝如此巨大，以至于耳环实际上依靠与之相连的隐蔽式金属发箍支撑其重量。

下一个部分是"穆夏派新艺术画家的缪斯"，其中"异国情调的玲珑曲线和欢欣鼓舞的女性气质自然让我们想起了新艺术主义的缪斯萨拉·伯恩哈特（Sarah Bernhardt），她更是新艺术大师阿尔丰斯·穆夏（Alphonse Mucha）的缪斯。以这位著名女演员的名字命名的晚礼服"萨拉·伯恩哈特"，上面点缀着黑玉刺绣花束、薄纱拉夫领和孔雀羽毛，颇具新艺术主义彩色玻璃的风格（见274页左下图）。

接下来出场的是"热衷时尚的异域女王"，分别展示了披着尚蒂伊蕾丝披肩的"马达加斯加的雷纳·拉纳瓦罗纳三世"（见275页右上图）、图卢兹·劳特雷克的巴黎少女"（见275页右下图）、"夜幕下可爱的克林姆女郎"（包括色彩绚丽的"西奥多拉"，其蒙哥尔菲气球袖、斜裁缎裙和塔夫绸腰封十分引人注目，见右图），接下来是"玛塔·哈丽的舞者"（其特色是绣有印度珠宝图案的隐形薄纱紧身衣，见272页右图），最后是"世纪舞会上的青铜公主"（见271页左上图）。

"绣阁香闺"

约翰·加利亚诺在卢浮宫卡鲁塞勒商廊（"巴黎"系列的官方秀场），展示了他的第二个成衣系列。两间高大宽敞的大厅被临时改造成美好时代风格的奢华宅邸，科林·麦克道尔在《星期日泰晤士报》（*The Sunday Times*）上报道称："镀金装饰的墙面、高高的窗户和窗外精心打理的花园布景投影在帘幕上，闺房、浴室、餐厅和台球室用古董家具精心布置，一张洛可可式的床，躺椅上扔着匆忙脱下的衣服，浴缸里漂浮着玫瑰花瓣。"

模特们穿过一个又一个"房间"，就像一幅又一幅灵动的画卷。在设计师的鼓舞下，模特们为自己饰演的特定"角色"赋予生命。时装历史学家卡洛琳·埃文斯（Caroline Evans）说："让人想起 1900 年巴黎世界博览会（首次展示当代时尚）玻璃后面的蜡像，身着华服，展现高级定制的繁丽奢华。"

时装系列笔记写道，该系列名为"绣阁香闺"，设想女性"在柔美的廓形中重新发现自己的身体自然、轻盈又优雅，喜欢穿着最柔软的内衣式连衣裙随意走动，哪怕在白天也是如此"，时装系列笔记介绍说，该系列是加利亚诺对其首季迪奥成衣系列中涉及的内衣式连衣裙（见 268 页右上图）主题的拓展。

该系列被《泰晤士报》誉为加利亚诺"迄今为止穿着最舒适的作品"，尤其是晚礼服，其中许多晚礼服重现了加利亚诺之前的高级定制系列（见 270 页）主题，从以拉吉公主为灵感的奢华珠宝，到点缀着装饰艺术图案的轻薄丝质斜裁美人鱼系列礼服裙，处处都能给人惊喜。

"向玛切萨·卡萨提致敬"

约翰·加利亚诺邀请观众到巴黎的加尼叶歌剧院观看一场奢华的表演，其灵感来自性格古怪的缪斯女神、女继承人和艺术赞助人玛切萨·路易莎·卡萨提（Marchesa Luisa Casati），时装系列笔记写道："她是本世纪初一位伟大的意大利女性，她桀骜不驯而又离经叛道……在欧洲家喻户晓。"玛切萨以一头红发、烟熏眼妆和白皙皮肤而闻名，她"把自己的生活变成了一个东方传说，她住在威尼斯的一座宫殿中，与一群猴子、奇异的鸟、灵缇犬和一条她缠在脖子上当项链的蛇为伴。"

乔瓦尼·博尔迪尼（Giovanni Boldini）、基斯·梵·邓肯（Kees van Dongen）和奥古斯都·约翰（Augustus John）等艺术家都曾为玛切萨画过画像，玛切萨本人曾说过她想"活成一件艺术品"。诗人加布里埃尔·阿南齐奥（Gabriele D'Annunzio）同样也被玛切萨吸引，加布里埃尔给她起了一个绰号叫"可拉"（取自被地狱之神哈迪斯绑架而成为其妻子和冥界女王的少女），艺术家、俄罗斯芭蕾舞团服装设计师莱昂·巴克斯特（Léon Bakst）也是玛切萨的朋友。

《泰晤士报》报道称，伴随着玫瑰花瓣倾泻在宏伟的大理石楼梯上，出场的第一套服装名为"玛丽亚·路易莎"（绰号"可拉"），是"一袭裙摆宽大的克里诺林式黑色裙装，时尚编辑们在被裙摆扫过时不得不侧身避让"（见 285 页右上图）。

接下来是六"幕"不同风格的表演。第一幕名为"塞夫勒瓷器风格的田园故事"，其灵感来自一座玛切萨曾居住过的特里亚农建筑风格的小宫殿，一系列柔和的白色日装搭配圆形浮雕瓷饰，重温了"18 世纪的新凡尔赛宫对……精致小巧的白色牧羊女彩绘瓷器的品味"。

第二幕名为"英国乡村花园故事"，"西辛赫斯特"和"加辛顿"等服装饰以大量的玫瑰花和树叶。第三幕"头等舱旅行故事"展示了完美剪裁的旅行套装和旅行连衣裙，搭配带有面纱的淡黄色超大号平顶帽。接着是第四幕"探戈曲调激情故事"，引人注目的金银线面料褶皱探戈舞裙金光闪闪。第五幕"东方学者与巴克斯特相遇的故事"展示了受波烈启发的"金字塔系列俄罗斯芭蕾舞裙式和服"，这件衣服有高高的漏斗领和丰富的刺绣。

在最后一幕"莱昂尼宫化装舞会故事"中，加利亚诺重新设计了玛切萨·卡萨提的"普尔钦奈拉"连衣裙（原为巴克斯特设计作品，见 283 页左下图）。该系列的收官之作是一款华丽的浅蓝色舞会礼服，内衬克里诺林式裙撑，这套服装出场时，颜色柔和的蝴蝶形五彩纸屑从空中飘洒而下，纸醉金迷，场面壮观（见 285 页）。

"搭配高跟鞋的运动风格服装"

约翰·加利亚诺在该系列中重温了他标志性的爱德华时代廓形和马赛部落风格高颈项链，以及他在上一系列作品（见 280 页）中重新诠释的 20 世纪 10 年代波烈风格的歌剧大衣廓形，并加入了一个新元素：运动装。

更准确地说，他添加了绗缝羽绒服，并以此为基础构建了自己的新系列，用奢华面料和酸性染料重新诠释这种极具实用性的服装，并用浮夸的皮草或流苏做镶边。加利亚诺在描述这一新的成衣系列时说，这是"搭配高跟鞋的运动风格服装"。《泰晤士报》报道，即使这一系列适当保留了人们对闺房的幻想，但它已"从闺房……走上了街道"。

加利亚诺的灵感来自意大利摄影师蒂娜·莫多蒂（Tina Modotti）的作品。这位摄影师于 1913 年从她的故乡来到加利福尼亚，参与当地艺术领域的工作，于 20 世纪 20 年代初搬到墨西哥城。在墨西哥，莫多蒂很快加入了文化政治社团"先锋派"，社团成员包括弗里达·卡罗（Frida Kahlo）和迭戈·里维拉（Diego Rivera）。莫多蒂记录了墨西哥新生的壁画运动，并用抒情的照片记录了当地的农民和工人。

女帽设计师斯蒂芬·琼斯（Stephen Jones）说，这就是我们的作品带有墨西哥风情的原因。他设计了一系列墨西哥图案的宽边锡帽，从几件外套上色彩鲜艳的拼花图案中也可以看出其深受中美洲民族服饰的影响。

"迪奥东方快车之旅"

在奥斯特里茨火车站，蒸汽火车"迪奥东方快车"载着 33 个模特（以及随行的美洲印第安勇士）穿过一层橙色的纸幕驶入月台，营造了一个非常戏剧性的开场。

此前，在 1996—1997 秋冬系列中，加利亚诺曾设想过让波卡洪塔斯公主（Princess Pocahontas）和沃利斯·辛普森（Wallis Simpson）进行一次会面，这次设计师打算将"文艺复兴时期的辉煌精神与美洲印第安人的轻盈优雅"结合起来。

时装系列笔记这样写道："所有去往浮华世界、丝绸之路的人都已登车……车厢里满载黄金、香料和没药……气势恢弘的摩尔式建筑以及金缕地，瓦卢瓦王朝弗朗西斯一世和都铎王朝亨利八世在这里展开了激烈的角逐。

"旅途顺利！美第奇公主！她们的头高高昂起，少女白皙的颈间围着多褶的拉夫领，正在前往法国宫廷的路上，护送她们的人有得意洋洋的男仆、神情疲倦的神父和令人生畏的陪护者。旅途顺利！足蹬皮靴的火枪手们！他们举起宽边羽毛帽用力一挥，向路边受惊的黑衣传教士致意。"

当然，还要"对波卡洪塔斯公主说一声，旅途顺利！她的私人车厢充满异国情调的浪漫魅力，车厢里铺着饰有色彩浓郁的象征性图案刺绣的鹿皮，以纪念她身穿毛皮束腰外衣，像风一样在弗吉尼亚森林中自由奔跑的少女时代……这是她第一次乘坐'迪奥东方快车'旅行，也是美洲印第安人第一次前往詹姆斯一世时期的英格兰。"

受 16 世纪贵族服饰的启发，加利亚诺推出了"双层迪奥套装"系列以及华丽的"亨利八世大衣"系列（包括一件奢华的镶有貂皮领的白色鹿皮大衣，全身绣有象征着伊丽莎白时代的橡树叶、橡子、草莓和花卉贴花图案，见右图和对页右下图），布满孔洞、切口，工艺繁复的服装和宽大的皮草（从狐皮和貂皮，到 293 页右上图中"智慧骑士"套装的大貂皮领），以及长袖丝绸晚礼服，其灵感来自文艺复兴时期公主的肖像（特别是画家卢卡斯·克拉纳赫的作品，见 293 页左上图），搭配从中国苗族银饰中借鉴的厚重项链，"迪奥东方快车"展开了一趟真正的全球之旅。

建构主义者

继"迪奥东方快车"之旅后，约翰·加利亚诺又沿着跨西伯利亚铁路（只不过是在蒙田大道克里斯汀·迪奥总部的发布会上）展开旅行，从俄罗斯先锋派艺术和绿色军装中汲取灵感。

加利亚诺对安德鲁·博尔顿（Andrew Bolton）说，"在这个系列的前半部分，我的侧重点是绿色军装——军装的颜色、金色的点缀物。红色的装饰、红色的小珠子和丝绸臂章的灵感来自军装，（但）衣服上的褶皱灵感则来自马里亚诺·福图尼（Mariano Fortuny），由最轻盈的丝绸制成。"

然而，最后一套衣服借鉴了索尼娅·德劳内（Sonia Delaunay）作品中的几何图案，她是一位乌克兰艺术家。这让人想起了卡西米尔·马列维奇（Kazimir Malevich）鲜明的至上主义构图和俄罗斯建构主义美学——特别是瓦尔瓦拉·斯捷帕诺娃（Varvara Stepanova）和亚历山大·罗德钦科（Alexander Rodchenko）20 世纪 20 年代引人注目的服装设计。

超现实主义时装

约翰·加利亚诺在迪奥高级时装屋向观众展示了一系列受超现实主义影响的作品，并严格控制观众人数（一次入场人数不超过 60 人，全天展示，让客人"更亲密地享受时装作品"）。

加利亚诺说："这一系列的格调是超现实主义的，就像达利和科克多对超现实主义的理解一样——时而诙谐、时而令人吃惊，但总是充满浪漫情调。你会在日装中看到盛典的辉煌。同一件衣服的剪裁方式融合了男性和女性的性感，并且具有幻象感效果。这个系列的精髓在于兼收并蓄，既充满想象，又不失和谐。

"我一直在思考安格斯·麦克比恩（Angus McBean）和曼·雷（Man Ray）的摄影作品，他们利用灯光在身体周围的变幻重新定义身体轮廓，这种实验非常有趣。我用最柔软的面料诠释了这种格调，以期带来同样的诗意。叶冯德夫人（Madame Yevonde）社会肖像中超现实主义的温和一面也吸引了我。她让拍摄对象相信她们自己是女神，就像雅典娜或女猎手戴安娜。说来真是巧合，叶冯德夫人和我同样来自伦敦南部的斯特里汉姆地区。"

莫迪利亚尼工作室

与加利亚诺之前具有强烈艺术气息的系列（见 300 页）一样，他的最新作品在迪奥灰色布景中呈现，地上摆满了空空的画框和未着色的画布，以此营造艺术家工作室的氛围。

这位艺术家就是阿梅迪奥·莫迪利亚尼（Amedeo Modigliani），该系列的灵感来源于他画作的丰富色调，以及他为他的年轻情人、画家珍妮·赫布特尼（Jeanne Hébuterne）所作的许多肖像画（如 1918—1919 年的作品《穿黄色毛衣的珍妮·赫布特尼》）。与那时的莫迪利亚尼一样，加利亚诺也在关注"从马里多贡部落的木制生育雕塑中体现出来的非洲雕刻艺术的微妙影响力"，他将这些雕塑与迪奥的标志结合在一起，"传递了他对迪奥 2000 年运动服装系列的个人愿景，该系列以针织品为主。"时装系列笔记写道。

迪奥套装被重新诠释为富有弹性的彩色针织服装，加利亚诺还推出了"让人印象深刻的艳丽毛衣、领部宽大翻卷的套头衫、宽松的后背闭合式绞花针织开襟衫和带有非洲图案的纹理丰富的水手领外套，内搭各种裙装，从长裙到晚礼服或美人鱼连衣裙，应有尽有。"

这个系列的针织品通过"流苏、羽毛效果、阿伦式针法小绒球、巨大的反光球、罗纹针法、貂皮针织"等细节表现女性化特质，甚至晚礼服也采用闪光针织品，与日装长裙同台展示，"上身是可两面穿的短款或长款 A 形外套，下身搭配长长的铅笔裙，十分优雅。"

"黑客帝国"系列

该系列在凡尔赛橘园展出。加利亚诺在千禧年之前的最后一个迪奥系列出乎所有人意料：没有富丽堂皇的套装，也没有对路易十四奢华礼服的重新诠释，而是在狭窄的银色 T 台上铺满了水床褥垫。第一位出场的是身着黑衣、头戴贝雷帽的城市战士（见右图；在加利亚诺受绿色军装启发推出作品后不到一年，见 296 页）。

时装系列笔记这样写道："一阵疾风正在席卷新一代的迪奥系列，这阵风从《黑客帝国》（Matrix）呼啸而来，在那里，真实和虚拟永远共存。"该系列以 1999 年的电影作为"灵感之源"，以皮革、聚氯乙烯、橡胶亚麻、马海毛或貂皮等一系列单色（黑色、酸橙色或鲜红色）作品的形式重新呈现在大众眼前。

一场新的表演开始了，加利亚诺搬来了"英国贵族的衣橱，这些贵族在萨维尔街定制服装，在苏格兰打猎，热衷于帆船、飞钓、骑马、登山。这一系列挪用、拆解并重构这些服装，用来装扮爱好广泛的女性，她们既喜欢庚斯博罗（Gainsborough）的清新优雅，又喜欢珍贵的波斯细密画的色彩斑斓"（后者也是薄纱连衣裙的灵感来源，这款裙子由丝绸制成，饰以精细刺绣和串珠）。

科林·麦克道尔在《星期日泰晤士报》上写道：加利亚诺的主题是"女战士、女猎手，从来自波光粼粼、危机四伏的《未来水世界》（Waterworld）的黑眼眶叛逆者……到印加女神和非洲女猎手，正准备骑马纵狗去打猎的 18 世纪女性不禁驻足回首，好让雷诺兹（Reynolds）、雷伯恩（Raeburn）和庚斯博罗等画家为她们作画。时装发布秀现场从危机四伏的紧张氛围切换为惬意闲适的乡村田园，再到光怪陆离的外星文明，最后一套服装造型配有打开的降落伞"，高举在卡门·凯斯（Carmen Kass）手中，只见她身穿饰有红色塑料亮片的缎面晚礼服，如亚马逊女神般傲然登场（见 315 页）。

迪奥高级时装屋宣称："与时俱进、坚持创新、始终无限浪漫，这三点体现了千禧年系列优雅的现代性，而'迪奥女性'对这三点的掌握总是游刃有余。"

"标语狂热"

VOGUE 杂志写道："大肆宣传的高级时装、流行的标志、穿皮衣的革命者、手握皮鞭的摩登女郎——除了迪奥，还有什么地方能看到这些？"约翰·加利亚诺的狂欢以一系列狂野性感的牛仔布服装开场：饰有迪奥元素、齐膝高的系带靴子，印有迪奥标志性图案的薄软绸上衣，做旧的迷你裙和超性感的棕褐色皮裤。这一切都让人联想到魅力四射的弗克茜·布朗（Foxy Brown）。

该系列的部分灵感来自劳伦·希尔（Lauryn Hill）的歌曲风格（其最新专辑《劳伦希尔的错误教育》为这场时装发布秀的第一部分提供了配乐），加利亚诺令高级时装屋档案中的迪奥标志图案重现生机，并将其用于螺旋切口设计的牛仔迷你裙和配套牛仔靴上。后来碧昂丝·诺斯（Beyoncé Knowles）穿着这套服装录制了女子组合天命真女的视频 *Jumpin' Jumpin'*。

马术图案贯穿整个系列，出现在标志性的"马鞍"包上，还有印在雪纺上衣和丝绸围巾上的金扣图案、带扣皮靴、马鞭，以及与赛马骑师衬衫上的明亮图案相呼应的梦幻星光缎面晚礼服。

"流浪者"

这个高级定制系列的灵感来自巴黎的无家可归者、"Rag Ball"化装舞会（贵族和富人穿着穷人和乞丐的服装）的传统以及黛安·阿勃斯（Diane Arbus）拍摄的精神病患者照片《无题》（*Untitled*）。该系列也被《女装日报》称为"有史以来最具争议的时装系列之一"。

约翰·加利亚诺后来在谈到这个系列时说："我想从源头上颠覆高级定制。"时装系列笔记对此一言以蔽之："所有的艺术都是表面和象征，而那些潜到表面之下的艺术家将会面临危险。"这句话引自奥斯卡·王尔德（Oscar Wilde）为《道林·格雷的画像》（*Picture of Dorian Gray*）所作的序言。

加利亚诺采用报纸印花将版面（印有迪奥头条新闻的《国际先驱论坛报》——与20世纪30年代由艾尔莎·夏帕瑞丽在高级时装界首次推出的报纸印花交相呼应，当时艾尔莎是看到丹麦渔夫将报纸拧成小帽子而得到灵感）印在塔夫绸上，正如凯西·霍林（Cathy Horyn）在《纽约时报》上报道的那样，这位设计师还"推出了画着查理·卓别林式的眼妆、腰间杂七杂八挂着各种小饰物的落魄流浪女"。

霍林报道：该系列进一步延伸了"他上一次时装秀的解构主题……衣服从前到后、从里到外翻转过来，标签和衬里露在外面。随后是一系列缠绕着绳带的白色套装，与精神病人的约束衣相呼应，以及舞姿蹁跹的芭蕾舞演员"。

最后，设计师带来了手绘真丝塔夫绸和真丝薄纱晚礼服，其灵感来自埃贡·席勒（Egon Schiele）的作品。加利亚诺解释说："我只是喜欢'缪斯女神从画布上逃脱出来'这个创意，并且想要表现那种插图式的线条，实际上，我真的用颜料和乳液涂在薄麻布上，然后用薄纱一层层叠放其上，以此赋予这些裙子如真实绘画般的笔触。"

塔姆辛·布兰查德（Tamsin Blanchard）写道："这是纯粹的行为艺术：黛安·阿勃斯的照片被赋予了生命。"而凯西·霍林则总结道："加利亚诺先生用这种看似疯狂的方式展示衣服只是表象，他真正在做的是解构迪奥的传奇。"

"飞翔的女孩"

约翰 · 加利亚诺以他之前设计的成衣系列（见316页）主题为基础，刻意打造了一个颓废的系列，带回了牛仔面料（这次展示的是扎染版）、"标语狂热"和马鞍包等许多元素。

这场时装秀在夏约宫国家剧院举行，现场搭建了一个金色镜面 T 台，该系列分为三部分。据迪奥高级时装屋介绍："第一部分受美国说唱歌手的影响，粗犷又风趣；第二部分以浪漫芭蕾舞为主题，灵感来自参加高级定制系列表演的芭蕾舞演员；第三部分……缎面和蕾丝制成的内衣式连衣裙性感迷人，非常适合奥斯卡和戛纳电影节。"

在上一个系列中占据重要地位的报纸印花（见318页）也在此系列中重新亮相：专为报道这次活动而创建、以加利亚诺本人为头版头条的《克里斯汀 · 迪奥日报》（*Christian Dior Daily*）报纸页面出现在"斜裁真丝薄绸荷叶边连衣裙或真丝针织连衣裙、内衣式连衣裙、栗鼠色紧身上衣和微型马鞍包"上。

迪奥标志和首字母 C、D 也在配饰上高调使用，从尖跟靴上的 CD 鞋扣到"厚厚的迪奥标牌项链、钻石和镀金 CD 带扣以及'D-I-O-R'字母戒指"，随处可见。

"弗洛伊德或恋物症"

约翰·加利亚诺上一季高级定制系列（见318页）备受争议。此后，他受到西格蒙德·弗洛伊德（Sigmund Freud）和恋物症思想的启发，将新系列建立在一封想象中的信上。这封信是由弗洛伊德写给卡尔·荣格（Carl Jung）的，信中写道："最近我看到了对恋物症案例的一种解释。到目前为止，它只涉及服装，但也可能普遍适用。"

加利亚诺在接受《电讯报》苏西·门克斯（Suzy Menkes）的采访时说："我相信克里斯汀·迪奥是第一位真正的恋物症设计师。他有俄狄浦斯情结，他敬畏他的母亲，他的"新风貌"充满了恋物症的象征意义。你只需要看看高跟鞋、强调胸部和腰部的紧身胸衣、凸显臀部的大摆裙就知道了。我想用作品来表达恋物症在服装心理学中唤起的象征意义。"

该系列分为三个部分，以爱德华时代上流社会婚礼的场景揭开序幕——"我是新娘的母亲，但这是一个非常不幸福的家庭，过着非常气派、高贵、但又痛苦的生活。"模特马里莎·贝伦森（Marisa Berenson，见对页右图）说道。接下来是意想不到的转折：主持仪式的"主教"穿着带有衬垫的"新风貌"样式刺绣长袍（见对页左下图），而新郎的双手被珍珠项链绑在背后（右图）。

然后"噩梦"接踵而至："这个小孩的感受来自自己透过钥匙孔看到的真实世界……这是他的噩梦之一。"加利亚诺说道。时尚历史学家卡洛琳·埃文斯写道："这些人物既来自天真的噩梦，也来自所谓维也纳资产阶级的刻板拘谨的性幻想。"

出场人物包括一位珠光宝气的法国女佣，她内搭红色丝绸束腰紧身衣，外穿黑色绣花连衣裙和蕾丝围裙（见331页左上图）；一个幻想中的"女人头马"，她身穿皮质连衣裙，头戴皮帽，身上还背着马鞍和马尾（见331页右下图）；以及一个玛丽·安托瓦内特造型的精明阴险的玩偶（见330页左上图，白皙的脖子上有一道血红的十字伤口，古色古香的长裙上满是血淋淋的断头台、被砍掉的羊头和各种花卉的手工刺绣图案），突然鲜活了起来。

最后一部分包括：头戴律师假发、脖子上套着套索的模特（见332页右下图）、双手被念珠捆绑的修女（见332页上图），"身穿红色缎面上衣的爱德华时代美女与身穿黑白相间服装、装扮成雷夫·波维瑞（Leigh Bowery）的人手牵皮带两端（见333页左上图）"，卡洛琳·埃文斯指出，这让人联想到加利亚诺曾混迹于伦敦夜总会。

撕开与拉上

这一系列与加利亚诺之前的浪漫主义风格明显不同，它融合了朋克、流行音乐、美式风格、拼贴和迷彩，在结构方面也比以前更进一步。

凯西 · 霍林在《纽约时报》上写道："让我们来谈谈为什么约翰 · 加利亚诺今天为迪奥设计的冷酷、肤浅、恐怖、残忍、歇斯底里的时装秀绝对是正确的。这个系列是真实的，有车库时装的原始真实性和不稳定性。当第一批模特开始亮相时……人们几乎无法接受这一切：鱼网和香蕉发夹，破旧的棕色皮裙，细高跟机车靴，上面沾满了汽油和机油污渍。它具有讽刺意味，但也有一种流行作品的感觉，将事物分解并重新排列成一种新的形式。"设计师解释说，"实际上，该系列中的每一件作品都可以用拉链连接到另一件作品上，这样你就可以创造出自己的造型。"

"他设计的衣服怪异而多变，正面的浪漫裙装与背面的牛仔服装风格迥异，靠一条拉链弥合疤痕。"苏西 · 门克斯写道。"它们环绕着身体，威胁着要在裸露的躯干上打开窗户，让短小暴露的衣服衍生出不同的形状……T 台上的各种衣服似乎是不同风格的音乐片断……然后突然来了一件洒满鲜花的毛巾布外套，就像一曲完整的咏叹调，安静唯美。"

商业元素也没有被遗忘：数十件衣服上印有迪奥香氛的名字，设计师还展示了全新的迪奥"凯迪拉克"手提包，配有漆革包底、提手扣和肩带，由一个印着 CD 字样的迷你压花旋钮固定。

神奇女侠

VOGUE 杂志写道："'女儿，振作起来! 冲破你身心的束缚!'在看了威廉·莫尔顿·马斯顿（William Moulton Marston）于 20 世纪 50 年代创作的《神奇女侠》（*Wonder Woman*）漫画作品后，迪奥设计师约翰·加利亚诺得到了灵感。"他为神奇女侠重新构思了一个故事，将其作为女性主义原型偶像，这就是该系列的叙事方式。

加利亚诺说："时装秀的开场与被压抑的战后女性有关，但通过这些服装，你可以看到她们即将成为解放女性的预兆。"一本正经的秘书们穿着顽皮另类的服装在 T 台上昂首阔步。随后出场的是 20 世纪 50 年代的家庭主妇，她们穿着饰有手绘和刺绣图案的真丝欧根纱和薄纱连衣裙，图案中包括茶杯和清洁工具等日常用品，充满童趣。

苏西·门克斯这样报道：突然，神奇女侠出现了，并有多个化身，"一反穿着肥大孕妇薄纱裙的沮丧妈妈形象，她代表着性感的超级英雄形象，身着定制牛仔摩托车外套，其工艺令人叹为观止。"

VOGUE 杂志总结说，在时装发布秀的最后部分，加利亚诺的神奇女侠回到了她的出生地，只有在女性的天堂岛，她才可以"穿着破损的希腊长裙、古旧的残缺皮草和布满灰尘的疯狂麦克斯靴子享受阳光"。

色彩狂欢

约翰·加利亚诺受到狂欢晚会的启发，推出了荧光色系列。该系列灵感来源包罗万象，包括电影《搏击俱乐部》(Fight Club)、《偷拐抢骗》(Snatch)、吉普赛人、爱尔兰拳击手和20世纪60年代的嬉皮士。

节目说明中写道："迪奥正在朝着年轻多彩的氛围迅猛发展，充满了乐观、幻想和趣味，给人带来幸福感。这里是'狂欢派对'，年轻人们穿着宽松裤、雪纺连衣裙和丝绸上衣……配饰大游行中出现了一个全新的明星：超大尺寸的'爆音盒子'手提包，外形复刻了街头说唱歌手的大型手提式录音机。"

"重新打造的细节和配饰显得随心所欲，从说唱乐、华尔街、拳击场到旅行者，各种元素随处可见。"该系列像是个娇生惯养的孩子，她从爱尔兰到多瑙河沿岸步履不停，融合沿途遇到的所有时尚元素，重塑自己的优雅。

"东方之行"

约翰·加利亚诺以上个系列（见 342 页）的荧光色和战斗精神为基础，以一组被他称为"叛逆时尚"的套装揭开高级定制时装秀的序幕——"准军事风格与非特定东方异国情调相结合……粗犷中又有精致，就像阿梅莉亚·埃尔哈特（Amelia Earhart）遇上了《天方夜谭》，不和谐的作品在和谐中次第绽放。"《女装日报》描述道。加利亚诺在接受 VOGUE 杂志采访时说："我强调'单件衣服'，就像对待运动装一样对待高级定制。"

时装秀的第二幕以色彩鲜艳的手绘褶皱丝绸雪纺连衣裙与手绘比基尼搭配，营造嬉皮士时尚果阿的氛围——"颇有 20 世纪 70 年代的感觉，桑德拉·罗德斯（Zandra Rhodes）无拘无束的造型设计，比尔·吉布（Bill Gibb）浓郁独特的伦敦风情。"加利亚诺告诉科林·麦克道尔，"图案由乔治·克里沃什（Georges Krivoshey）绘制，还有扎染也是他设计的。"

受到超现实主义塑料芭比娃娃的美学启发，时装发布秀最后一幕展示了一系列令人赞叹的拼花泡芙外套、塑料绣花外套、刺绣和二次刺绣的牛仔布皮草长裤以及丝绸和服衬衫。

该系列最引人注目的设计（见 351 页左上图）是它的蝴蝶结造型"令人惊叹、毫不妥协、有一种逼迫感"，这一造型的灵感来自日本狂言戏剧服装，这些戏服激发了加利亚诺的想象力。这件作品好似不受重力的影响，分量很轻——设计师解释说"这是高级定制工坊展现出的拉斐尔般的魅力。这件衣服是一层层制作的，然后由不同的刺绣师来装饰，你可以看到发夹和其他东西，就像被玻璃纸层层包裹的娃娃一样动人，美不胜收。"

"街头时尚"

约翰·加利亚诺将这一新的成衣系列命名为"街头时尚",继续向他为高级时装屋设计的系列里注入解构主义和街头服装精神。

这季作品以一系列浪漫的斜裁缎子和丝绸套装开场,正如 *VOGUE* 杂志所描述的那样,"一连串模特的脸上涂满了胭脂粉末,就像落魄的法国贵族一样",但随后很快就出现了"一群包着大头巾、穿着松松垮垮的宽松裤的洛杉矶黑帮",上衣是加利亚诺新的半透明"纹身印花"T 恤。

下面出场的是中东女郎,她们戴着大手帕式头巾,穿着透明的萨鲁埃尔灯笼裤,《女装日报》报道称,"一群'东方邂逅狂野西部'风格的牛仔女郎们戴着饰有羽毛的斯特森宽边帽,依然表现出对阿拉伯异国情调的喜爱。"

斯特森宽边帽上装饰的"蒙田"(迪奥总部位于蒙田大道)纹章图案与美国元素相得益彰,还有一套耀眼夺目的白色猫王长裤套装,上面绣有"Memphis or Bust"和"Christian Club"字样(见 355 页右图)。之后是该系列最后一站,墨西哥瑟拉佩印花泳衣将观众带到了美国边境以南,从连帽乔其纱上衣到漆面裤子,所有服装都使用了新的"哈瓦那"印花。

从俄罗斯到蒙古

约翰·加利亚诺之前的高级定制系列（见 346 页）灵感来自东方，这一季他带领观众来到俄罗斯和蒙古，一起欣赏这场壮观的表演。

设计师告诉安德鲁·博尔顿："这就是俄罗斯奇妙之旅的结果——我们花了十天时间进行研究。我们是背包旅行。我们想体验真正的俄罗斯……我们去了剧院、芭蕾舞学校和民族博物馆……博物馆历史档案中的蒙古族服装非同寻常，层次分明，饰有刺绣，有些由七层组成。这些蒙古族服装为该系列中的几件作品提供了灵感。"

在鬼太古座剧团的鼓手、身着羽毛芭蕾舞裙的马戏团彩带舞者，甚至是柔术演员的陪同下，模特们依次展示刺绣繁复的拼布牛仔夹克和丝绸外套、绚丽多彩的丝质罗缎连衣裙，最后登场的是曳地绣花丝质塔夫绸晚礼服。《女装日报》报道称："一场令感官超载的奇妙盛宴。"

秘鲁之行

继印度和其他东方国家（见 346 页）、墨西哥和古巴（见 352 页）、俄罗斯和蒙古（见 356 页）之后，约翰·加利亚诺带领迪奥前往南美洲，推出了具有纪念意义的莫霍克发型式秘鲁彩虹针织帽，此外还推出了拼布裙、羊皮外套、色彩鲜艳的绒球针织衫和软帮鹿皮靴。

VOGUE 杂志的萨拉·莫厄尔（Sarah Mower）报道说："这些衣服是用来自印度、南美、蒙古和中国的大量材料重新剪裁制作而成的，非常性感。"并且能很自然地与"不断焕新的迪奥马鞍包"搭配。

丽莎·阿姆斯特朗（Lisa Armstrong）为《泰晤士报》撰文称："他的时装秀就像精心制作的明信片，加利亚诺搜遍五湖四海，跨越数十载，横亘 20 世纪 40 年代、50 年代和 70 年代……（创造出）过去三周时装秀发布的衣服中最美的部分。"

"新魅力"

这一新的高级定制系列名为"新魅力",其灵感来自
20 世纪 40 年代好莱坞的黄金时代,以及约翰·加利
亚诺对凯特·摩丝(Kate Moss)的看法,他认为她
"堪比今天好莱坞的魅力偶像"。*VOGUE* 杂志解释说,
设计师和他的合作者进行了一次研究之旅,他们"穿
越了洛杉矶和墨西哥……(在那里)他们把电影工作
室的档案资料翻了个底朝天,寻找蒂达·巴拉(Theda
Bara)和玛琳·黛德丽(Marlene Dietrich)的服
装。"加利亚诺的得力助手史蒂芬·罗宾逊(Steven
Robinson)在接受《女装日报》采访时说:"对于每
一套衣服,我们都会问自己,'凯特会怎么穿?'"

加利亚诺展示了"原始和优美、巨大和微小之间不可
思议的结合,以及基于用羽毛和泡沫衬托衣摆结构
的新技术,使衣服如空气般轻盈。"迪奥高级时装屋
表示,这些衣服从安装在 T 台上的玛丽莲·梦露式
"地铁格栅"上飞掠而过,与电影《七年之痒》(*Seven
Year Itch*)的标志性场景形成完美呼应。

迪奥高级时装屋表示,该系列采用"五颜六色、非同
寻常的混合材料,从棉花和牛仔布等不起眼的面料,
到奢华的丝绸雪纺和针织品、薄纱、塔夫绸、缎子
和蕾丝,还有鸵鸟羽毛、酒椰纤维、绒面革和鳄鱼皮",
搭配夸张的歌舞女郎式羽毛头饰和超高厚底鞋。

歌舞女郎

该成衣系列萃取约翰·加利亚诺受好莱坞启发的高级定制系列（见 366 页）的精华，采用浓重的歌舞女郎妆容、铆钉厚底高跟鞋、卡其色（用于一系列丝绸针织连衣裙）和大量鸵鸟羽毛，以及超短雪纺伞裙、金属感比基尼和全新的荧光拼贴迪奥印花。

萨拉·莫厄尔在 *VOGUE* 杂志上写道，设计师"展示了他 7 月份高定时装秀上出现过的巨型皮外套、束带皮筒裙和低领女神连衣裙的大众版本"，并补充说，"约翰·加利亚诺在迪奥的疯狂路线不再存在争议。"

中国与日本

VOGUE 杂志写道:"这个亚洲不再是我们以前所了解的那个亚洲。"对于这一高级定制系列,约翰·加利亚诺的灵感来自最近一次为期三周的中国与日本之行,在中国他遇到了少林僧侣和杂技演员,并说服他们来到巴黎,与他非凡杰出的作品一起走上 T 台。

约翰·加利亚诺告诉安德鲁·博尔顿,"我的中国之行后来延伸到了日本,所以这个系列是两种文化的交融。但归根结底,这只是一种幻想。我从来没有打算从字面上或宗教意义上重新创造任何东西。事实上,一次性访问两个国家,这本身就是一种解放。我认为你可以在这个系列中看到这种自由,包括整个系列作品的纹理、造型或体积感。"

加利亚诺玩起了对比鲜明的混搭,将闪亮的黑色丝绸晚礼服与精致刺绣的浅粉色超大外套搭配(右图),通过一些与 19 世纪样式裙环和克里诺林式裙撑呼应的廓形来融合东西方风格。"模特们几乎彻底陷入蚕茧般的锦缎、塔夫绸和蓬松的雪纺荷叶边中,在令人眩晕的 T 台上摇摇晃晃地走着。"*VOGUE* 杂志补充说,这场时装秀"以壮观的戏剧性场面冲破了文化界限"。

"硬核浪漫"

约翰·加利亚诺从之前瑰丽的高级定制系列（见 374 页）中获得灵感，该系列的特点就是"体积感、极端的比例以及炫目的色彩"，时装系列笔记写道："约翰·加利亚诺将自己的想法转化为可穿戴的衣服和有趣的配饰，推出了一个小规模的成衣系列。这是一场独特的时装秀，他将相互冲突的事物混合，展示了被他称为'硬核浪漫'的性感、多褶边、欢乐和色彩鲜艳的衣服。"

该系列推出了"受古代中国启发"的超高坡跟鞋，以及新的新月形"最新款金发女郎"包，混合了橡胶、皮革、绒面革、蟒蛇皮、针织物、丝绸、欧根纱和雪纺。

从花卉图案到灵感来自中国和日本的图案，各种印花争奇斗艳，夸张的褶皱和束带、箱形和立方体剪裁的大衣和外套，甚至还有紧身胸衣式绑带的橡皮裤。"这是恋物症的一种浪漫表现，"迪奥高级时装屋说道（几年前，加利亚诺为迪奥设计了一系列受恋物症启发的服装，见 328 页）。

"创造新舞蹈"

这一高级定制系列名为"创造新舞蹈",大致分为六个"时刻"——弗拉明戈舞、拉丁舞、探戈舞、交谊舞、芭蕾舞和康康舞。时装系列笔记这样写道:"在一次印度之旅中,传统舞者展示的舞蹈动作中包含了欧洲大陆各种舞蹈形式的特点,这引发了一系列疑问:舞蹈为什么会演变? 它是如何演变的? 是什么让它如此动人? 它又是如何影响我们的? "

约翰·加利亚诺将仪式性的非洲舞蹈、牙买加的舞厅和玛莎·格雷厄姆(Martha Graham)的技巧融为一体,对舞蹈的多个方面进行探索,不仅关注最终的演出,还关注"彩排时捕捉到的感觉,以及它的原始能量",并把 1969 年西德尼·波拉克(Sydney Pollack)的电影《他们射马,不是吗? 》(*They Shoot Horses, Don't They?*)(讲述马拉松舞蹈比赛)作为关键参考对象。

加利亚诺解释说:"正是这种否定、激情、自制和紧张才如此令人感动。服装突然被扔出窗外,此时人们感受到的情感是最真实的。这也是该系列的目标:通过时装设计来创造'对舞蹈的抽象、概念性诠释,创造出本身具有生命力、能围绕身体跳舞的服装'。"

"第一批样衣从字面上被分为探戈舞、弗拉明戈舞、芭蕾舞等主题。然后,这些衣服被拆分,以将魔法编织在其中,从材料、运动感和即时性、紧贴身体并随身体移动的服装中实现这种表达。这些衣服看起来就像其一直在跳舞,直到筋疲力尽的程度。"迪奥高级时装屋称,为了达到最终效果,一些样衣被修改了 16 次。

"这一系列是高级时装技艺的华尔兹,例如立方体剪裁,在 1 月高级定制系列(见 374 页)中首次使用,以创造从衣服中绽放出来的三维花朵,以及用通常与运动服相关的止动绳固定在一起的褶皱",而内搭服装"让人联想到排练室,袖子随意卷起,T 恤衫撕开并打结,表达了紧迫感和自发性"。

向玛琳·黛德丽致敬

约翰·加利亚诺选择好莱坞偶像玛琳·黛德丽作为这个时装系列的缪斯，不过他要为玛琳增添当代气息。加利亚诺解释道："我试着想象，如果玛琳·黛德丽今天在这里，她会是詹尼斯·乔普林（Janis Joplin），会是玛丽安娜·菲斯福尔（Marianne Faithfull），会是科特妮·洛芙（Courtney Love），她们是最初给我带来灵感的人。"

玛琳·黛德丽是迪奥的忠实顾客，她坚持在自己的电影中穿着迪奥的服装。据传，她甚至曾对英国大导演阿尔弗雷德·希区柯克说："没有迪奥就没有黛德丽。"黛德丽也是这个时装系列发布前几个月在巴黎加列拉宫时装博物馆举办的一场展览的主题。

缎面裙装和毛皮披肩揭开了这个时装系列的序幕。尽管从 20 世纪 40 年代风格的缎面裙装和毛皮披肩中可以看到玛琳带来的影响，但是它们和内衣式连衣裙以及运动装的元素格格不入，反而和有着吉普赛纹身图案的上衣与丝袜相搭配。这些上衣和丝袜上写着 "Dior Gitane" "Hardcore Dior" "Adiorable" 和 "Carmen*hearts*Chris" 等字样。

以法老为灵感的"H"系列

约翰·加利亚诺刚从埃及旅游归来，途经国王谷、开罗、阿斯旺和卢克索等地，构思出了一个高级定制新系列。高级时装屋表示，该系列借鉴古埃及元素，融合克里斯汀·迪奥 20 世纪 50 年代"H"系列（见74 页）以及理查德·艾维顿和欧文·佩恩摄影作品的怀旧风格，以此表达"对女神般的女性和优雅至上精神的崇拜。"

约翰·加利亚诺于 1997 年秋冬为其同名品牌设计了"苏西狮身人面像"时装系列，多年后，他又推出了亲自命名的"狮身人面像"系列：拉长、紧致、纤细，与艾维顿和佩恩的优雅风格交织，创作出"一部镀金的幻想曲，高级定制工坊倾尽全力，采用各种珍贵材料——金叶、蛇形青金石、银箔、珊瑚珠，还原一切埃及事物，从纳芙蒂蒂（Nefertiti）和图坦卡蒙（King Tut）的形象，到象形文字和墓葬壁画"，*VOGUE* 杂志报道称。

与最初的"H"系列一样，这个系列的廓形"克制、修长，胸部平坦，臀部纤细，紧身束腰"，表现为柱状紧身连衣裙、"木乃伊"带状连衣裙、金字塔形衣领，以及下摆折成莲花状的波浪形连衣裙。

张扬的配饰——从圣甲虫耳环和胸针到展开双翼的雄鹰胸牌、绿松石项链、金字塔形的平底凉鞋以及饰有珊瑚和绿松石串珠绳的鞋子，起到了画龙点睛的作用。

装饰艺术与爱德华式风格

这场成衣发布秀与几个月前加利亚诺为迪奥设计的埃及风（以法老为灵感的"H"系列，见392页）交相呼应，夸张的妆容、巨大的珠宝（包括闪闪发光的"翼形"耳环）、金字塔形披肩领、豹纹、以及明亮的黄色、粉色和紫色，无不引人注目。

"装饰艺术与爱德华式风格"系列唤起了《女装日报》所称的"后现代艺术装饰之感"，该系列的灵感来自泰迪男孩风格（20世纪50年代的英国亚文化，部分灵感来自爱德华时代的花花公子所穿的时装，并与早期摇滚乐密切相关），被赋予20世纪一二十年代的独特品质。

加利亚诺参考插画大师爱德华多·加西亚·贝尼托［Eduardo Garcia Benito, 20世纪初为 VOGUE 杂志绘制封面，以及为《最后一封波斯来信》（La Dernière Lettre Persane）等奢侈品出版物绘制插图］的作品，将泰迪男孩标志性的胶底鞋、飞机头与夸张的一粒扣茧形或和服外套相融合，并搭配大量饰有"Dior"字样的配饰，其中的茧形或和服外套使人联想起保罗·波烈的设计（在贝尼托的几幅插图中得到体现）。

茜茜公主

时装系列笔记称："维也纳、伊斯坦布尔——从中欧旅行回来后，约翰·加利亚诺提出了他对时装系列的一个非常大胆的设想，即混合 19 世纪的浪漫元素，使人联想起奥地利的伊丽莎白皇后（茜茜公主），以及 20 世纪 50 年代海报女郎和'莎莎·嘉宝'（Zsa Zsa Gabor）的魅力。"

VOGUE 杂志称，这是加利亚诺迄今为止最庄严的高级定制系列，设计师"推出美人鱼廓形礼服裙，饰以皇冠、宝球、钻石和白色长手套，给人以威严尊贵之感，令嘉宾心生敬意。"

美人鱼廓形礼服裙使用的是最奢华的材料，包括丝绸、织锦缎、云纹绸、塔夫绸和天鹅绒，饰以貂皮、白鼬皮和狐狸皮，缀以孔雀羽毛和精致刺绣或手绘图案，图案设计受 18 世纪塞夫勒瓷器和法贝热彩蛋的启发。

整个系列充满了幻象感，比如裸色紧身胸衣的幻视效果。晚礼服特别吸人眼球，冉冉上升的褶皱和笔挺的褶裥展现了迪奥高级定制工坊的精湛技艺。

莱莉、柯尔斯顿、凯特与吉赛尔

莱莉·科奥（Riley Keough）刚刚参加了迪奥最新的T 台走秀，她是摄影师尼克·奈特（Nick Knight）为高级时装屋拍摄的新面孔。据《女装日报》披露，该系列分为四个部分，"灵感分别来自莱莉·科奥、柯尔斯顿·邓斯特（Kirsten Dunst）、凯特·摩丝和吉赛尔·邦辰（Gisele Bundchen）"。

时装评论员盛赞该系列时装实用耐穿。淡褐色结子纱面料和牛仔面料套装让人联想到标志性的迪奥套装那凹凸有致的造型，绣花牛仔夹克采用迪奥徽标图案（五年前由加利亚诺重新推出，见 316 页），还有飘逸的绉布乔其纱连衣裙和印花丝绸外套，非常适合日常穿着。

加利亚诺以前时装系列的主题被重新诠释——"性情乖僻的少女穿着五颜六色的平纹针织衫，搭配透明雪纺塔裙、条纹袜以及饰有一大堆毛绒球和丝带的尼泊尔靴子。"VOGUE 杂志写道。而"模特们的发型蓬乱不堪，盖住些许头发的钩针小圆帽是对芭比辉煌年代的致敬。"《女装日报》总结道："这是真正的迪奥时代。"

"像一块滚石"

约翰·加利亚诺宣称，"鲍勃·迪伦（Bob Dylan）曾经说过：'安迪·沃霍尔是衣衫褴褛的拿破仑'，而这句话开启了我们的旅程。"［暗指迪伦歌曲《像一块滚石》(Like A Rolling Stone) 中的歌词，传闻这首歌的灵感来自曾经的名媛和"工厂"工作室的中坚力量伊迪·塞奇威克（Edie Sedgwick）］。他把舞台改造成沃霍尔的"工厂"工作室的模样，在墙壁上铺满铝箔，用电视机播放试衣的视频片段。

加利亚诺解释称："读到迪伦的这句话，我被沃霍尔曾经的缪斯女神伊迪·塞奇威克深深吸引。这个女孩身材瘦削，落落大方，在安迪的镜头前一度名声大噪，她的风格既让人着迷又充满悲剧色彩。然而，随着我们的深入研究，伊迪和沃霍尔的时代却与另一个截然不同的世纪（拿破仑妻子约瑟芬的时代）不期而遇，相互碰撞。我们将 20 世纪 60 年代的青春系列与法兰西帝皇系列融合在了一起。"

这个故事探索的是约瑟芬和伊迪的"王国"，共分为三幕。第一幕是"黑色"，以简洁的黑色羊毛紧身装（见右图）开场，"旨在突出细节、奢华的元素、拉辛针织品、鳄鱼皮配件等。"设计师解释道。

第二幕专门讨论红色，克里斯汀·迪奥曾说："红色是烛光下最适合穿的颜色。"加利亚诺继续说道："这一部分未经修饰、浪漫万分，其灵感来自伦勃朗（Rembrandt）和克拉纳赫（Cranach）。我们一直对面料很不敬，这种做法恰恰使其更具现代感。我们水洗、刮擦、熬煮面料，将毛绒绒的奢华面料打磨到只剩下一层网状织物，或是把织锦缎搓磨成一缕缕散纱，这样薄纱、薄绢和雪纺便可紧贴在如云朵般轻柔的天鹅绒上。"

最后一幕是"白色"，"柔软而娇美，是欧根纱和薄纱面料打造的精致廓形——刺绣和水晶像漫天雪花般缀满裙子。女孩们头发上闪闪发光的水晶头饰取代了之前出场的便帽和贝雷帽，这些头饰灵感来源于皇宫的枝形吊灯。帝政式低领口胸部线条和则布朗蝴蝶结……点缀着裙子，与裙子配套的大衣上饰以拿破仑式衣领，采用代夫特陶器蓝白相间的色调。"临近尾声，随着作品的体积感越来越强，以中国刺绣为基础的水晶头饰的尺寸也越来越大，工艺越来越复杂。

"偶像的日常"

约翰·加利亚诺将前一季高级定制系列（见 410 页）
的主要设计改为成衣系列（从以伊迪·塞奇威克为灵
感来源的条纹，这次表现为一组马海毛开衫和连衣
裙率先登场，到帝政系列天鹅绒连衣裙、贝雷帽和
鳄鱼皮配饰），并将其命名为"偶像的日常"。时装系
列笔记称："该系列将功能性扣件与城市魅力进行诗
意融合，大银幕上播放着'街拍'的画面。"

该系列添加了航空元素，包括飞行夹克、皮衣和迪
奥的飞行包（包上挂着明亮的橙色标签，上面写道
"飞行前请取下"），加利亚诺宣称："羊皮和金银锦
缎的结合足以说明一切。"

加利亚诺说："我看了看其他时代的女性，想象着
她们今天的穿着打扮。想象穿戴飞行装备的阿梅莉
亚·埃尔哈特，想象嘉宝（Garbo）、伊迪丝·琵雅芙
（Edith Piaf）和其他柔焦镜头下的女性。还记得赫本
（Hepburn）、加德纳（Gardner）和哈露（Harlow）
吗？想象一下她们被狗仔队一路跟踪的样子。我想要
现代的偶像能够穿出属于她们自己的风格。"

重返格兰维尔

约翰·加利亚诺宣称："本季我的灵感来自迪奥先生作品的艺术呈现，特别是勒内·格鲁瓦（René Gruau）、克里斯汀·贝拉尔（Christian Bérard）、塞西尔·比顿的时装插画和莉莲·巴斯曼（Lillian Bassman）的照片。最近在秘鲁旅行时，迪奥著名的"新风貌"廓形与秘鲁传统服装令人惊讶的相似之处让我深感震撼。"

加利亚诺试图逐层揭示高级定制女装的结构，首先创作的是"一件充满幻象感的裸色束腰紧身衣：将胸部和臀部塑造成勒内·格鲁瓦画中夸张的廓形。在束腰紧身衣上覆盖一层裸色织物，为'时装插画'奠定完美基础。"加利亚诺解释道："现在，通过使用透明的薄纱，迪奥高级定制工坊的制作过程一览无遗，而通常深藏不露的能工巧匠的精湛技艺也能再现辉煌。"

为庆祝克里斯汀·迪奥诞辰一百周年，该系列将观众带回到迪奥先生在诺曼底的童年住所格兰维尔，展开一场奇妙的旅程。设计师重新创建了著名的美好时代别墅花园——不过是被毁坏的、神秘的、虚无缥缈的版本，让人联想起雷电华电影公司的经典恐怖片，将发布会展示的时装系列分为十个不同的部分，每个部分都有自己独特的配乐。

首先是"迪奥先生的母亲——年轻的克里斯汀·迪奥严格遵守爱德华时代的正式着装"。开场服装是艾琳·欧康娜（Erin O'Connor）所穿的绣花薄纱裙子（右图），它被命名为"玛德莱娜"，以纪念迪奥先生的母亲。随后出场的是以迪奥先生的姐妹命名的服装，分别为"杰奎琳"（见 418 页左上图）和"吉内特"。

接着是"创造——制作裙子"。制作裙子被描述为"立裁、裁剪和别别针。迪奥先生为他最喜欢的模特制作了四条裙子"，其中包括以迪奥先生最喜欢的模特命名的解构作品，如"维多利亚"（见 418 页左下图）。

再接着是"女董事"、"花冠——新风貌"（见对页的"卡门"和一系列色彩斑斓的拉菲草刺绣秘鲁风格花冠裙）和"好莱坞——银幕上的性感女郎是同时代的超级名模"[包括由模特伊娃·赫兹高娃（Eva Herzigova）展示的裙子"薇薇安"，见 418 页右图]依次登场。接下来的部分是"客户"和"首秀"，分别向迪奥的客户和首秀致意。

最后的压轴戏充满奇思妙想，分别为"德加（Degas）——玛戈·芳婷（Margot Fonteyn）为克里斯汀·迪奥、让·科克多和克里斯汀·贝拉尔表演秘鲁芭蕾舞"（一系列用拉菲草刺绣的薄纱裙搭配芭蕾舞鞋）、"圣凯瑟琳帽子节"（向未婚女裁缝在圣凯瑟琳节上头戴漂亮的黄绿色帽子这种高级时装界的悠久传统致敬）和尾声"面具舞会"（其灵感来自秘鲁宗教殖民时期库斯科画派的绘画作品）。

"迪奥裸色"

之前的高级定制系列（见 416 页），约翰·加利亚诺
在裸色束腰紧身衣和建构／解构效果上大做文章，
这次的高级成衣系列则在新装修的巴黎大皇宫发布，
获得高度关注。时装系列笔记称，这个系列的一切都
与"裸色"相关——"迪奥裸色和黑色、迪奥裸色蕾丝、
迪奥裸色印花、迪奥裸色塔裙、迪奥裸色渐变裙"。

据 *VOGUE* 杂志莫厄尔报道，加利亚诺制定了"一个
商业化计划，要将他上一季高级定制系列的创意潜
力发挥到极致。凯特·摩丝今年夏天在美国设计师
协会大奖颁奖典礼上穿了该系列中的一件黑色蕾丝
裸色礼服"。

该系列以印花或喷绣的裸色连衣裙开场，陆续登场
的有"裸色"外套和"反面朝外"饰有白色闪光皮革
的接缝外露的风衣，然后是一组透明的"裸色"连衣
裙，上面用皮质细带勾勒出束腰紧身衣和内衣的形
状，最后的压轴戏是飘逸的渐变色欧根纱和雪纺裙，
色调为"裸色／绿色"或"裸色／紫色"。

法国大革命

时装系列笔记宣称："红色是新的自由主义者，铂金是新的玛丽·安托瓦内特，皮革是新的奢侈品，面纱是新的诱惑。"时装系列笔记还补充说，约翰·加利亚诺在一次法国之行中找到了这个高级定制系列的灵感。

首先，加利亚诺在里昂寻找"胸衣灵感"，他去拜访了曾在 20 世纪 50 年代与迪奥合作的紧身胸衣制造商施康娜（Scandale）。再往南，加利亚诺探索了阿尔勒，并与摄影师（也是毕加索的朋友）吕西安·克莱格（Lucien Clergue）见面，于是将"斗牛的激情作为关键的主题"。

加利亚诺参观玛丽·洛尔·德·诺瓦耶（Marie-Laure de Noailles）的乡村宅邸后，了解到她的母亲是萨德侯爵（Marquis de Sade）的直系后裔，这为"法国大革命"系列提供了进一步的参考，于是加利亚诺在该系列中加入了红色（"激情的颜色，也是迪奥先生最喜欢的颜色"）。

VOGUE 杂志萨拉·莫厄尔报道，该系列在索菲亚·科波拉（Sofia Coppola）的电影《绝代艳后》（*Marie Antoinette*）上映前几个月推出，也与法国大革命的血腥事件相呼应。"模特们披着宽大的红色斗篷，穿着粗犷的束腰皮夹克、内衬裙撑的膨大裙装、系带的机车裤，缠绕着裹尸布般的绑带，颈间戴着十字架，脖子上印着法国大革命的年份：1789。"

" liberté（自由）"、"égalité（平等）" 和 "fraternité（博爱）"字样也成为宽大的红色亚麻大衣和外套上的刺绣图案，塔夫绸外套和皮裤上的手绘图案，以及白色薄纱、雪纺和塔夫绸的压轴礼服（见 427 页右上图）上的装饰图案。

加利亚诺告诉 *VOGUE* 杂志："（刚刚过去的这个夏天）发生了很多政治动荡，我想要设计一些更大胆、更强硬的东西，这是我们当下所追求的。"

"哥特式潮流"

这个系列名为"哥特式潮流"（在巴黎大皇宫展出），时装系列笔记上面简单地写道："从结子纱面料到雪纺，从皮革到马毛织物，从羊毛到欧根纱，从金属丝面料到塔夫绸，从金银锦缎到丝绸。"

约翰·加利亚诺在上一季的法国大革命系列（见424页）的基础上赋予摇滚女郎的前卫风格，外套和连衣裙基本上仍以红色和黑色为主色调，但加入了大量视觉冲击效果明显的皮革配件，包括挂锁手袋、标牌扣皮带和过膝高筒靴。

"设计师这个系列的核心在于通用性很强的单品，包括外套、裙子和大衣，适用范围上至端庄淑女，下至性感佳人。"《女装日报》评论说，加利亚诺"为皮毛而着迷，设计出各种看上去不协调的搭配方式：皮夹克与貂皮搭配，或者反其道而行之，与薄纱搭配；高调的黑色结子纱面料外套饰以卷曲的山羊毛和蒙古羊羊毛。"

"波提切利星球"

时装系列笔记称："（加利亚诺）最近在深夜观看了马塞尔·卡内（Marcel Carné）导演的经典之作《夜间来客》（*Les Visiteurs du Soir*）。这部法国电影以15世纪为背景，讲述魔鬼派遣两名神秘的吟游诗人给人类带来绝望，影片令人感慨万千。"加利亚诺解释道："法国女演员阿莱缇（Arletty）穿着中世纪服装，随着剧情的发展，她所展现的20世纪40年代的美与城堡和花园中险恶诡异的环境形成鲜明对比，启发我用新的眼光，即在15世纪和16世纪托斯卡纳的环境下，来看待波提切利、莱昂纳多·达芬奇和扬·凡·艾克等文艺复兴时期艺术家的作品。"

加利亚诺继续说道："在不同文化、不同时代、甚至是不同世界的人看来，文艺复兴全盛时期的风景和人文似乎显得别具一格、超凡脱俗。这部电影带来的情感让人百感交集，不禁想起萨尔瓦多·达利的超现实主义（加利亚诺在为迪奥品牌设计了1999春夏高级定制系列（见300页）之后，这次又凭借达利著名的龙虾造型再度回归超现实主义风格）、圣女贞德对宗教的狂热、朋克摇滚的无政府主义精神和好莱坞黄金时代的偶像魅力，使人体验到一个陌生人身处陌生之地的感受……在波提切利星球上发布迪奥高级定制的梦想。"

"回归本真"

在克里斯蒂娜·阿奎莱拉（Christina Aguilera）的歌曲《返朴归真》（*Back to Basics*）中，约翰·加利亚诺展示了一个非常纯粹柔和的系列，其基本色调为迪奥灰，大批模特化身短发的圣女贞德，如一列军队般行进在 T 台上，与设计师几个月前受中世纪风格启发的迪奥高级定制系列（见 430 页）相呼应。

加利亚诺解释说："我们仍然从高级定制系列中汲取灵感，但创作的方式更加抽象，从而可以真正破解和控制这种灵感，不受情感羁绊。对我来说，这是一种非常令人兴奋的方式。我是一个非常情绪化的拉丁人，所以这对我来说是全新的领域；我乐在其中。"

《女装时报》写道："他的春季女装系列传递的信息简洁明了，白天穿着设计精巧的迪奥套装，晚上穿着漂亮的垂褶裙。尽管这些套装采用中性色调面料，风格低调谦和，但在设计上却妙趣横生。一件服装的袖子有镂空的切口，另一件服装的肩部设计大胆偏圆，外套通常因采用同色调刺绣而独具特色"，切口和盔甲式刺绣的细节来自对高级定制工艺的诠释，配件为小巧的链条手袋。

蝴蝶夫人

"蝴蝶夫人"高级定制系列是约翰·加利亚诺在迪奥的十周年纪念作品,其灵感来自贾科莫·普契尼的著名歌剧《蝴蝶夫人》。这部歌剧讲述了年轻的日本艺伎蝴蝶夫人和美国中尉平克顿的故事,蝴蝶夫人命运多舛,在婚后不久便遭到了平克顿的背弃。

迈克尔·豪威尔斯(Michael Howells)设计的布景引人注目,其中有迪奥灰巨型座椅(使模特看起来像娃娃一样娇小)、超大号樱花树和旋转的镜台,该系列通过服装与《蝴蝶夫人》的故事产生共鸣。

开场服装为一套饰以褶裥和刺绣的工艺精湛的粉色丝质套装(见右图),名为"你好凯特"。卡米拉·莫顿(Camilla Morton)对英国版 VOGUE 杂志解释说,在"东西合璧"的新风貌风格服装之后,加利亚诺讲述了"一个生活状态自然简朴的田园女孩的故事,(采用)天然面料、亚麻和稻草",还有华丽的刺绣连衣裙和外套、手绘的渐变色丝绸作品以及一件精致的手绘加刺绣亚麻大衣,所绘图案为葛饰北斋(Hokusai)的代表作《神奈川冲浪里》(Great Wave)(见 440 页左上图)。

卡米拉·莫顿指出,下一幕是新的演出,服装以艺伎为灵感,"以吉尔伯特(Gilbert)和沙利文(Sullivan)的剧作《日本天皇》(Mikado)中臭名昭著的女人命名",例如白色的丝绸刺绣外套"科科君"(见 441 页下图),接着是亮橙色和绿松石色丝质晚装"蜜桔君"(见 441 页右上图),然后设计重点转向蝴蝶夫人的武士父亲,服装采用棱角分明的黑色鳄鱼皮制作而成。

萨拉·莫厄尔报道称:"和服、宽腰带和艺伎妆容设计在迪奥得到改良和诠释,幻化为新风貌裙摆式套装和大圆摆跳舞裙。每一个造型都萌生出更多神奇的平面折纸,笔挺的几何形状领口犹如绽放的花朵或盘旋的飞鸟。"最令人印象深刻的莫过于压轴的白色丝绸礼服(见 443 页),展示这套礼服的是莎洛姆·哈罗(Shalom Harlow),她十年前参加过加利亚诺在迪奥举办的首季发布秀(见 262 页右上图)。

加利亚诺告诉苏西·门克斯:"感觉不到十年已经过去,但是我和迪奥先生的心血都已经倾注在里面。"苏西称赞这个系列是"他为迪奥设计的最美丽的作品"。

皮草与衣褶

"皮草与衣褶"系列以迈克尔·豪威尔斯设计的大型白色楼梯(让人想起克里斯汀·迪奥在格兰维尔的童年住宅)为背景,从日本折纸艺术和冉冉上升的褶裥,到优雅的垂褶、多层的塔裙、引人注目的头饰和明亮的色彩,旨在通过高级成衣来诠释加利亚诺之前的高级定制系列所展示的复杂精细的日本元素和工艺技术。

设计师在混搭中加入了新元素皮草,营造出一种20世纪40年代琼·克劳馥(Joan Crawford)的风格。*VOGUE* 杂志萨拉·莫厄尔写道:"这简直是好莱坞的壮观场面,就像2007年翻拍的电影《女人们》(*The Women*)(原片于1939年由乔治·库克导演,一直是时尚界的最爱),但这次是以浓郁的紫色、浅绿色、钢青色和紫红色展现的,而不是黑白片。"

编织纹皮质手袋和精巧的系带厚底鞋等配饰占据了非常重要的地位,加利亚诺选择了"最精致的材料——丝绸、麂皮、皮革、蟒蛇皮、鳄鱼皮和很多、很多、很多皮草",《女装日报》称赞该系列是"一部辉煌的杰作,是一场盛大、迷人、壮观的庆典"。

"艺术家舞会"

这次周年纪念系列发布会在凡尔赛橘园举办（数年前加利亚诺标志性的"黑客帝国"系列曾在此发布，见 310 页），为此，约翰·加利亚诺回顾了克里斯汀·迪奥年轻的时候，当时（在他进入时装行业之前）迪奥先生还是满怀热情的画廊主。迈克尔·豪威尔斯搭建了长达 130 米的超大型 T 台，设计了"舞台造型"氛围的背景。

加利亚诺宣称："为了庆祝克里斯汀·迪奥高级时装屋成立六十周年，我们探索了迪奥先生的第一个高级定制系列，不是从时装的角度，而是研究他最喜欢的艺术家。我们借鉴他的画廊所代表的新浪漫主义艺术家的精神，创造了这个'艺术家舞会'终极系列，以纪念史蒂芬·罗宾逊。本季每个造型都汲取了艺术史上某位大师的精髓，每件衣服的剪裁、廓形和点缀都以艺术家的风格精神为主导，以他们的灵感和技艺为参考。"

VOGUE 杂志的莫厄尔发觉这个系列流露出忧伤的基调，她指出，"对两位将自己的毕生奉献给时装行业，却英年早逝的设计师（克里斯汀·迪奥和加利亚诺的首席设计师史蒂芬·罗宾逊）深表敬意，史蒂芬于今年 4 月在这个时装系列的设计过程中不幸去世。"

开场服装"以欧文·佩恩的作品为灵感"，是对 1947 年迪奥套装的重新诠释，由吉赛尔·邦辰（Gisele Bündchen）（见右图）展示得恰到好处。该系列以时装作品向时尚界最著名的插画家致敬，包括埃里克（Eric）（见对页左上图）、勒内·格鲁瓦（见 450 页左图）、克里斯汀·贝拉尔（见 450 页右图）和让·科克多（见对页右图），还有毕加索（见对页左下图）和来自欧洲各地的伟大画家：印象派画家、萨金特（Sargent）、弗拉戈纳尔（Fragonard）、华托，以及西班牙和荷兰艺术大师、拉斐尔前派画家等。压轴戏则献给了包括波提切利（见 452 页左下图）、卡拉瓦乔 [Caravaggio，由琳达·伊万格丽斯塔（Linda Evangelista）展示，见 452 页右上图] 和提香（见 453 页）等文艺复兴时期的艺术家。

在这个时装系列的第一幕开始后，伴随着伦敦社区福音合唱团和洛约拉预科男童合唱团现场演唱的歌声，约翰·加利亚诺出于其本人的西班牙和英国双重文化背景，"从他独自在安达卢西亚的旅行中获得灵感，通过克里斯蒂娜·黑伦基金会邀请了包括曼努埃尔·隆博（Manuel Lombo）、拉斐拉·雷耶斯（Rafaela Reyes）和马里奎利亚（Mariquilla）等人在内的众多西班牙艺术家，载歌载舞地举办了一场庆典"，并为该系列添加了弗拉明戈的现场配乐，最后加利亚诺身着珠光宝气的斗牛士套装鞠躬致意。

英国人在巴黎

继上一个高级定制系列（见 448 页）的盛大表演之后，
约翰·加利亚诺为迪奥高级时装屋设计的成衣系列
在斯汀（Sting）的歌曲《英国人在纽约》（*Englishman
in New York*）中揭开序幕，该系列回顾了自加利亚
诺 1997 年被任命为迪奥创意总监以来设计的一部分
带有其个人印记的迪奥风格作品。

这个系列延续了加利亚诺最近设计的高级定制系列
的复古感觉和对旧时好莱坞魅力的敬意。*VOGUE* 杂
志报道称其"模仿 20 世纪 20 年代到 40 年代的风格，
将长裤套装重新设计为细条纹二件套和玛琳·黛德
丽式的白领结燕尾服，重现其蝴蝶夫人系列（见 438
页）的宝塔式肩部廓形，当然也少不了他采用爵士时
代的雪纺和 20 世纪 30 年代的软缎呈现的标志性的
斜裁设计。"

X 夫人遇上克林姆

时装系列笔记这样写道："约翰·辛格·萨金特 1884 年引发丑闻的肖像画成为一场诱惑之旅的起点，画中人维尔吉尼·艾米丽·葛托（Virginie Amélie Gautreau）被称为 X 夫人。这幅描绘社交名媛的画作因集时尚优雅与风情万种于一身而震惊巴黎，揭示了 19 世纪末的艺术家对绘画作品潜在的象征意义的兴趣。

"萨金特在艺术上追求完美、严谨克制，这与迪奥先生所创的精确剪裁和廓形相呼应，而色彩和装饰品的灵感则来自象征主义画家的作品。"

该系列中几乎每件衣服都由色彩鲜艳的丝绸裁剪而成，带有奢华的刺绣，非凡的工艺赋予图案以生命，图案灵感主要来自画家古斯塔夫·克林姆的作品。《女装日报》报道称设计师采用"夸张的波浪形裙摆、梯形轮廓和饰有褶裥的衣片形成蓬松的体积感，产生戏剧性的效果。"

该系列以齐柏林飞艇乐队 1969 年专辑 Led Zeppelin 的主打歌 Whole Lotta Love 为背景音乐，配以闪闪发光的头饰，加利亚诺解释说"其灵感来自戴安娜·弗里兰的 VOGUE 杂志"（弗里兰从 1963 年到 1971 年一直是该杂志的主编）。VOGUE 杂志的莫厄尔总结道："最后，20 世纪 60 年代上流社会有些怪异的奢华腔调让人感觉出乎意料的时髦。"

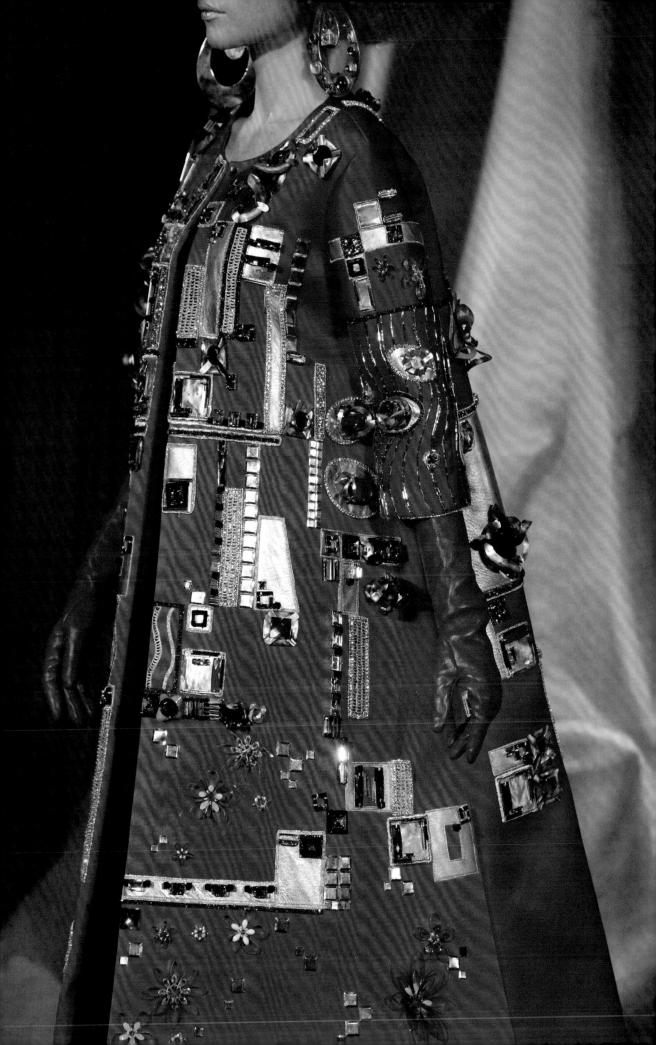

六十年代庆典

"六十年代庆典"系列在双人演唱组西蒙和加芬克尔的歌曲《罗宾逊夫人》(Mrs Robinson)中开场 [之后播放了另一位红极一时的歌星达斯蒂·斯普林菲尔德(Dusty Springfield)的歌曲]。该系列是对 20 世纪 60 年代风格的欢乐颂,标志着名为 "61" 的全新手袋问世。

约翰·加利亚诺为该品牌设计的上一个系列(见 456 页)中蕴含着明亮的橙色、红色、青柠色和紫红色的色调以及耀眼的几何形刺绣,这也是 20 世纪 60 年代的风格,他对此重新进行了诠释。加利亚诺重温了"肯尼迪时代美国人钟爱的往后梳的蓬松发型、深邃浓郁的眼妆,以及干练利落的淑女套装和裙子。"VOGUE 杂志报道。

加利亚诺说:"我一直在寻找让我产生梦想的女主角。"对于这个时装系列,他的灵感来自女演员、模特和沃霍尔的超级明星、"宝贝"简·霍尔泽(Jane Holzer)、拉蔻儿·薇芝(Raquel Welch),以及电影《毕业生》(The Graduate)中的罗宾逊夫人等人。《女装日报》总结道:"这些女性激发了被加利亚诺誉为'纯粹魅力'的克里斯汀·迪奥系列的灵感,这个系列将快乐和高度克制发挥到近乎完美的状态。"

向丽莎·佛萨格弗斯致敬

约翰·加利亚诺将这个高级定制系列献给了丽莎·佛萨格弗斯（Lisa Fonssagrives），她是 20 世纪四五十年代的明星时装模特，为高级定制界顶级大人物的作品担任模特，并与当时的顶级摄影师合作，她在 1950 年与欧文·佩恩结婚。

时装系列笔记称：该系列聚焦于"黑与白、建筑式剪裁、皮革饰钉、钟形帽、半透明渐变雪纺、当代刺绣"，以及"用透明的面料以全新的曲线演绎经典的迪奥褶裥"。该系列围绕著名的迪奥套装展开，将其重新改造为紧身胸衣式迪奥套装，搭配漆皮或刺绣皮带束腰。加利亚诺告诉《女装日报》："'解构'听起来不够尊重，这么说吧，我给迪奥套装赋予了新的语境。"

开场造型为奶油色羊毛大衣搭配黑色漆皮腰带（见对页上图），形成强烈反差，这让人想起奇安弗兰科·费雷为该品牌创作的作品之一（见 223 页），而各色丝绸刺绣束腰连衣裙的腰带则与 1947 年原版迪奥套装的曲线和垫臀相呼应。

压轴服装为重工刺绣的紧身胸衣式迪奥套装搭配薄纱和硬衬制作的"反重力"晚礼服。加利亚诺宣称这是"当代的高级定制，这一季体现的是变化、剪裁和精湛技艺，迪奥时装屋有了令人振奋的新进步"。

"部落潮流"

"部落潮流——铆钉、腰带、渐变"是该系列的既定主题,然而"它是对非洲的一种侧面理解,一种抽象概念"。加利亚诺告诉《女装日报》:"它指的从来就不是字面意思。"

上一个时装系列(见 464 页)中引人注目的紧身胸衣式迪奥套装在这里被重新制作成腰部收紧的蟒纹或皮革胸衣,另有飘逸透明的丝绸连衣裙,搭配高耸的卷曲发型和饰有雕像吊坠的金色项链。

VOGUE 杂志的萨拉·莫厄尔也发现了 20 世纪 80 年代的阿拉亚(Alaïa)和高缇耶(Gaultier)所带来的影响——"从今天的系列来看,约翰·加利亚诺也想到了 1988 年。他把目光投向了那个充满紧身束腰、尖头文胸、莱卡紧身裤和贴身针织裙的'魅力狂热'时代。"

荷兰与佛兰芒绘画大师

时装系列笔记称，这个高级定制系列被誉为"比迪奥更迪奥"，其"灵感来自佛兰芒画家和迪奥先生创立的结构和剪裁方式。维米尔明朗和谐、微微泛光的色彩与凡·戴克（Van Dyck）笔下的佛兰芒贵族的仪态相融合。迪奥高级定制工坊的精湛技艺确实是'从里到外'"揭示出迪奥高级定制服装结构的秘密，丝绸底裙上精致的刺绣在宽大、朴素、有质感的裙子底下深藏不露。

加利亚诺告诉《电讯报》："我在档案室花了几个小时，仔细查看迪奥作品的内部设计，几乎像法医一样对它们进行严格检查。这就像发现了一封失传已久的情书，它吐露出制作者对制作精美优雅衣服所饱含的热情。这是一门艺术，工匠们以爱和骄傲精心制作时装。"

VOGUE 杂志报道，"17 世纪的荷兰元素有后背交叉系带的紧身胸衣和臀部引人注目的卷筒设计"，再加上代夫特陶器蓝白色调的荷兰郁金香主题图案、宽大的四叶草裙装和斯蒂芬·琼斯制作的卷曲"油画笔触"帽。*VOGUE* 杂志总结称:这个系列'建筑风格浓郁、光彩夺目、标识性强'。

波斯细密画

"东方是迪奥先生的灵感之源，他曾去东方旅行，而我有时会在脑海里遨游东方。"约翰·加利亚诺向《纽约时报》介绍说，这个系列充满异国情调，与20世纪一二十年代时装设计师保罗·波烈的东方风格相呼应。

时装系列笔记称："波斯细密画和东方式的纸醉金迷给迪奥标志性新风貌带来灵感。迪奥套装被重新诠释为'上下翻转'。巴黎高级定制的经典羊毛面料和细条纹面料剪裁成具有东方风格的造型。亚洲特色的标志性迪奥灰色扎染提花布制成'新风貌'套装。"

"羊绒双面呢、粗横棱纹羊毛呢和阿斯特拉罕羔羊皮，以及华贵的织锦缎上装饰着佩斯利纹样的挖花花边，配以流苏腰带，尽显奢华。鸡尾酒外套在剪裁考究、熠熠生辉、东方风格的缎子和金银锦缎长裤的衬托下变得柔美动人"，而"做工精致的珠宝色褶裥连衣裙富有光泽，上面精心刺绣着金属片和宝石。"

"试衣间里洋溢的热忱！"

这个高级定制系列题为"试衣间里洋溢的热忱！"（试衣间指高级定制模特在秀前和秀中集合准备更衣的小房间）。该系列在迪奥的蒙田大道时装沙龙中展出，其灵感来自"迪奥先生与他最喜爱的模特在迪奥高级时装屋试衣间中的标志性照片"，以此努力重现"环绕迪奥时装秀的振奋情绪和殷切期望"。

这是加利亚诺向勒基（Lucky）、维多利亚（Victoire）、阿拉（Alla）等迪奥早期模特致敬的一种方式。"迪奥先生很喜欢这些女孩，她们使迪奥的时装作品富有生气。每一个造型都独一无二，向前来迪奥沙龙欣赏的宾客展现与众不同的风采。所有时装色彩各异，紫红色、橙色、柑橘黄色、酸绿色、斑马纹或豹纹，都是富有个性的装扮。"

加利亚诺说："就像女孩们还没有准备好，有人说，'去吧！'"设计师得以揭示"塑造迪奥先生标志性廓形的层次、支撑和内衬……展现一丝不苟的内部结构，还有高级定制工坊的精湛技艺。"

该系列灵感还来自克里斯汀·迪奥于1954年为玛琳·黛德丽设计的一件外套。加利亚诺在高级时装屋的历史档案中发现了这件外套，设计师解释称："这是一件美丽的天鹅绒胸衣，上面有吊袜带。"他饶有兴趣地"深入研究，意识到正是这些物件共同塑造出身体本来的样子：玛琳将外套与长筒袜连在一起，然后再套上裙子，这样既能保持造型，又可以活动自如，曲线毕露，无懈可击。"

他还告诉《女装日报》："在这种经济环境下，我想把重点放在迪奥的既定准则上，即迪奥套装、豹纹和铃兰。"

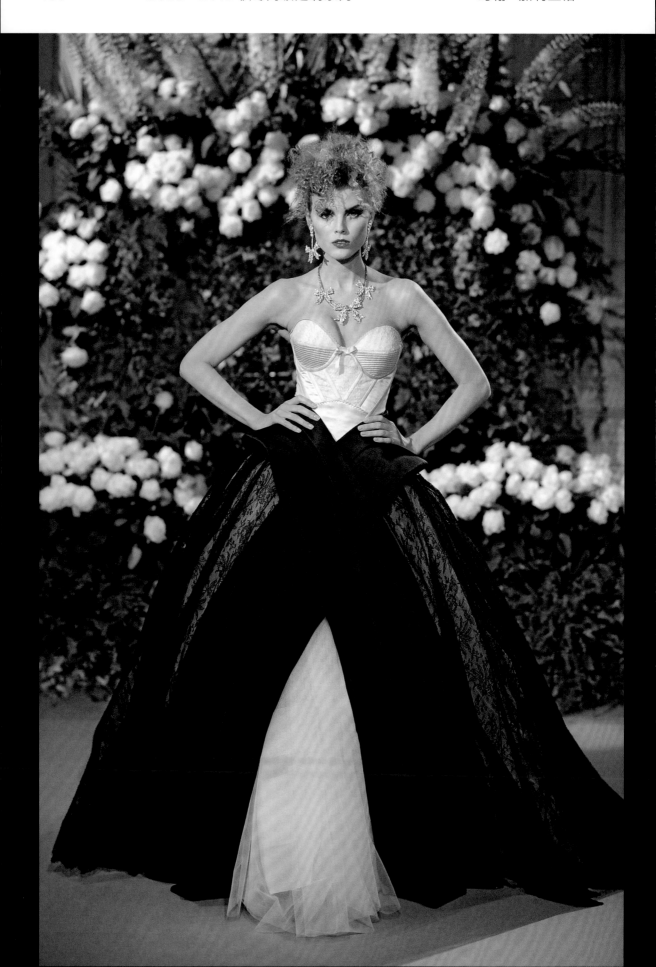

黑色电影

高级成衣系列说明称："黑色电影的世界幽暗朦胧，创造出全新的、妖艳迷人的女性。"其中，以内衣式连衣裙为灵感的作品与之前的高级定制系列（见 482 页）一脉相承。

年轻的劳伦·白考尔（Lauren Bacall）妩媚动人，她是迪奥先生的客户，其严谨朴素的作风促使迪奥推出了裸色、淡粉色和米色等高雅色调日装。迪奥的准则被应用到经典的"鲍嘉"风衣上，该风衣采用迷人的金银线面料，搭配迪奥新一季的公文包。

"《北方旅馆》（Hôtel du Nord）的旧式片场中，阿莱缇面貌一新。这位美人以迪奥经典的男性化细条纹和威尔士亲王格纹外套搭配内衣式连衣裙，性感迷人"，而晚礼服则"用料华贵，从柔和的淡色到诱人的深红色，依次登场"。

"连衣裙以精致的箔片、蕾丝、薄纱和雪纺等渐变色透明材料进行缝合和镶边，令柔软的'梦幻丝滑'内衬若隐若现，尽显半透时装诱惑而精致的一面。"

致敬查尔斯·詹姆斯

加利亚诺告诉 *VOGUE* 杂志："实际上，当我读到迪奥先生因受到查尔斯·詹姆斯（Charles James）的影响而产生新风貌的灵感时，正好看到一张查尔斯·詹姆斯试衣的照片——在他身后的墙上有一张女人侧坐在横座马鞍上的照片。这就是关键所在！"

迪奥品牌表示，"查尔斯·詹姆斯和他那些骑在马背上的新世纪女性，为新的条纹骑马外套的剪裁和非对称设计提供了参考"，而"吊带裙和骑马裙采用了迪奥先生钟爱的经典英式定制面料，包括红色粒纹面料、紫红色羊毛缎、斜纹针织物、棉质凹凸织物和定制格纹面料等。"

时装系列笔记写道："迪奥先生和詹姆斯都对经典女性廓形和'顽皮的 90 年代'插画情有独钟，正如以 19 世纪 90 年代的吉布森女郎为代表的女性形象。衣领不对称的薄纱外套搭配柔软的褶裥裙，均以蕾丝、丝带和丝线刺绣的数层透明薄纱、欧根纱和精致的花边来呈现蓬松的质感，颜色柔和淡雅，有粉色、淡黄色和极浅极淡的蓝色。"

这种大胆的女性气质成就了米莉森·罗杰斯（Millicent Rogers）的精神，她是詹姆斯最出名的客户兼收藏家。这位特立独行的女继承人大胆地将洋红色、深蓝绿色、橄榄色和蓝宝石色等难以调和的彩色绸缎碰撞在一起，镶以厚重的水晶刺绣，并佩戴超大的珠宝作为装饰。

晚装方面，"女士们穿着华丽的双色调公爵缎舞会礼服，其色调参照塞西尔·比顿的人物照片，宽大裙摆上精心剪裁而成的褶裥让人联想起骑马时裙子上压出的褶痕。"

迈克尔·豪威尔斯用三千多朵白色、粉色和红色玫瑰为秀场搭建的背景具有戏剧性效果，"从亚马逊风格和骑士服装到迪奥先生标志性的舞会礼服，我们看到了'新风貌'系列背后的影响。"约翰·加利亚诺总结道。

"浪漫诱惑"

约翰·加利亚诺以之前为迪奥设计的骑士系列（见490页）为基础，在这次的成衣系列中加入一丝颓废，并将其命名为"浪漫诱惑"。他引用了17世纪诗人、罗切斯特伯爵二世约翰·威尔莫特（John Wilmot）的诗句："既然变化是大自然的规律，那么一成不变反而会让人奇怪。"

时装系列笔记称："该系列来自之前迪奥高级定制系列的猎场，从赛马场的骑行风格转而进入充满诱惑的氛围，发现英姿飒爽的骑士服装中蕴含令人沉迷的气息、灵感和诗意，以及18世纪浪子那不可救药的浪漫。

"精美飘逸的浪子风格真丝薄绸蕾丝衬衫裙，饰以18世纪的花卉图案，搭配大翻领骑士外套。各种材质精彩纷呈，从具有年代感的皮革到柔软的马海毛，从富有质感的蟒蛇皮到小马皮和带孔皮革，与厚实的针织品混搭，却毫无违和感。

"日装采用经典的英式骑士风格斜纹软纹和花呢，人字呢和一种运用新工艺织造的格子呢则营造出具有泥土气息、色调柔和的氛围。"而不对称褶裥的晚装据称"灵感来自德拉克洛瓦（Delacroix）"。加利亚诺指出："本季，迪奥继承了法国浪漫主义的英雄精神。"

"花漾女性"系列

该系列亮相于罗丹博物馆的花园，其灵感来自克里斯汀·迪奥1953年标志性的"郁金香"系列（见62页）。"迪奥花园里的花束形状各异、色泽绚烂夺目，由鹦鹉郁金香、红花、兰花、三色堇、虞美人和精致的香豌豆花组成。"

约翰·加利亚诺宣称："我想让时装秀以一种全新的姿态大胆绽放，让花朵的颜色、质地和结构激发出一种全新的美感，创造出当代的'花漾女性'。"在创作这个系列时，他研究了尼克·奈特和欧文·佩恩拍摄的引人入胜的花卉照片。

迪奥高级时装屋解释称，为了与设计师的设计理念保持一致，"以丰富饱满的渐变层丝绸反映大自然的色彩，而花瓣状下摆和工坊以娴熟的切割技术制成的鲜花造型则使边缘松散的结子纱面料、毛毡、薄纱、马海毛编织物和塔夫绸的鲜艳色调更显尊贵。"

晚装方面，"生动的手绘花瓣裙、带褶的薄纱玫瑰图案和三层印花欧根纱礼服，严格按照每一种花卉的造型和色彩精心制作而成，以此创造出全新的迪奥佳人花园"，腰部用酒椰叶般的腰带束紧，头顶色彩明亮的"帽子"——这是斯蒂芬·琼斯采用花店的塑料包装物创作的饶有趣味的作品。

南太平洋

本季的成衣系列，约翰·加利亚诺将花卉系列（见498 页）的明亮色调转换成复古的热带场景，让人想起 1958 年的电影《南太平洋》（*South Pacific*）。"海报女王"贝蒂·佩吉（Bettie Page）那句挑衅式的俏皮话"我从来不是邻家女孩"便出自该电影。

"'迪奥号'在南太平洋海军基地抛锚，此时海面上阳光闪耀，"高级时装屋说，"该系列将水手制服和岛屿异国情调结合在一起，衬托出热带佳丽的刚柔并济，创造出新的当代天堂鸟。

"白色和藏青色的绒面革海军大衣和派克大衣干净利落，与南太平洋的木槿花、兰花和棕榈树印花图案形成对比，"而"航海风格针织衫与平结编织短裙混搭、色泽鲜艳的棉质印花日间连衣裙和水手裤与纱笼式扭转的廓形交织。"

晚装方面，"碎花图案和花瓣细节与航海风格的褶皱和绳结，诱人进入蕾丝嵌花和珍珠鱼皮印花的新奇冒险之境。饰以富有异国情调的羽毛、珊瑚刺绣、贝壳和欧根纱花环腰带，在午夜时分，沿着沙滩漫步。"

勒内·格鲁瓦的艺术

该高级定制系列的灵感源于勒内·格鲁瓦的作品，
这位颇具传奇色彩的意大利裔法国插画家兼克里斯
汀·迪奥之友曾在 20 世纪四五十年代为迪奥创作过
一些最令人难忘的广告，例如品牌有史以来第一款
香水"迪奥小姐"的插图以及标志性的"红唇之吻"
海报，后者描绘了一位戴着黑色眼罩、涂着红唇的
女士形象。

"格鲁瓦优雅的画作捕捉到了迪奥的精髓，"高级时
装屋表示，"该系列的灵感来自插画家作品中挥洒自
如的线条，通过服装的体积感和动感创造出流畅优
雅的廓形。薄纱由亮色渐变成暗色，仿佛出自善于
运用明暗对比法的画家之手，而透明的欧根纱和色
彩明亮的真丝罗缎则让人联想到画家调色板上色彩
的饱和度与色调。"

《女装日报》报道说："服装线条像纸上的笔触一样
清晰明确，其造型就像高级时装插画勾勒出的形状
般有力而夸张，"而且"借鉴'新风貌'廓形的设计比
例，以充足的面料弥补当时因面料配给制而造成的
缺憾。"

约翰·加利亚诺（早期曾在中央圣马丁艺术学院学习
过时装插画）将这个系列描述为他迄今为止在技术
上最具挑战性的系列。加利亚诺将黑色薄纱披在模
特身上，让人想起炭笔痕迹和欧文·佩恩的经典时
装照片中的阴影，再配以斯蒂芬·琼斯设计的"油画
笔触"式头饰，完善整体造型。

英伦浪漫主义者

迪奥辞退约翰·加利亚诺后不久，在罗丹博物馆发布了本季时装秀，这是加利亚诺为迪奥设计的最后一个系列。

"迪奥 2011 秋冬系列的新廓形由超大斗篷和大衣、灯笼裤和'迪奥米萨'T 恤构成，"时装系列笔记写道，"层层叠叠的廓形焕发出英伦浪漫诗人的时髦主义精神。浓郁的墨色色调、变化多端的天鹅绒、羊绒、雪纺和欧根纱形成了纹理丰富、五彩缤纷的调色板。日装由柔软的皮革、麂皮、皮草、精致奢华的织物、织锦面料和针织品组成。"

卡莉·克劳斯（Karlie Kloss）身着及地羊绒斗篷、天鹅绒灯笼裤和及膝长靴（右图）拉开了这场秀的序幕。蒂姆·布兰克斯（Tim Blanks）写道："不管是女拜伦，还是拦路女强盗，总之，典型的加利亚诺女郎一直是个浪漫的叛逆者。"

晚装方面，"刺绣、羽毛、薄纱和蕾丝创造出一种新的抒情式奢华"。正如 *VOGUE* 杂志的萨拉·莫厄尔所说，"加利亚诺为克里斯汀·迪奥所做的最后贡献——那些漂亮、轻盈、色彩淡雅的半透明帝政式礼服，恰好让人回想起他创作毕业设计作品"不可思议者"的那段时期，那时他才华横溢，初露峥嵘。"

比尔·盖登

笃定稳实的继任者

一位幕后天才被推到了聚光灯下——这是 2011 年约翰·加利亚诺被解雇后，人们对比尔·盖登（Bill Gaytten）接任掌管迪奥品牌设计的最简单概括。简明扼要地形容他的反应？用盖登自己的话来说就是："礼服是为聚光灯设计的，而设计师却不是。"

盖登带领迪奥度过了创立六十五年来该品牌最动荡的时期之一，这是创意总监约翰·加利亚诺在掌舵近十五年后离任的后果。这是一场史无前例的危机，见证了一个重要的巴黎品牌、一支世界时尚界的主力军，在时尚行业日历的关键时刻无所适从，此时正值 2011 秋冬成衣系列发布之际。3 月 1 日，迪奥公司辞退加利亚诺时，该系列已经设计好了，但还没有定稿，51 岁的盖登原本负责四天后时装秀（见 512 页）的筹备工作，彼时正带领设计团队在工作室和后台进行最后准备。之后，他作为工作室的负责人而不是创意总监，为高级时装屋发布了两个高级定制系列和两个成衣系列。在关于他即将被任命为创意总监的谣言四起之际，这种做法是临时应急。时值 2011 年 9 月，这是自 1997 年以来首次没有加利亚诺参与的成衣系列设计定稿，盖登说道："形势所迫。"

盖登出生于英国乡村的切尔滕纳姆，最初在伦敦大学学院学习建筑学，后进入时尚圈。他与几个时装专业的学生同住一室，渐渐迷上了包括迪奥先生在内的几位已离世的设计师的作品，并且购买了一台缝纫机，琢磨着如何重现历史服装。盖登凭借其对时尚的热爱和从建筑培训中获得的建筑知识，练就了精湛的技艺，并开启了与英国顶尖设计师合作的职业生涯。他曾为很多人工作过，包括皇家时装设计师维克多·埃德尔斯坦（Victor Edelstein）和谢立丹·巴奈特（Sheridan Barnett），后者是加利亚诺在圣马丁学院的老师，且最初还是他介绍加利亚诺与盖登相识的。盖登在 1985 年与加利亚诺有过短暂的合作，三年之后，他于 1988 年与加利亚诺再度成为搭档，随后与之共事长达二十三年，并为加利亚诺的同名品牌工作（担任该品牌的创意总监），同时还负责纪梵希和克里斯汀·迪奥的工作室。

盖登本人安静、内敛、脸色苍白，且看上去有些脆弱，无论从个人外表还是从设计风格来看，他都是天马行空的加利亚诺的完美衬托。盖登将其低调的特质融入他设计的迪奥系列中，注重发挥他作为一名技术人员的特长，在过去十五年里，这位神奇的制版师帮助迪奥时装秀取得了许多关键性的胜利。盖登对迪奥的管理主要集中在技术上：廓形紧贴近克里斯汀·迪奥和加利亚诺的凹凸有致的传统风格，迪奥套装和波浪裙在其中发挥了关键作用。通过盖登的深厚造诣和迪奥高级定制工坊的高超技艺，这些高识别度的廓形采用意想不到的材料和处理方式呈现。例如令人难忘的迪奥 2012 春夏高级定制系列发布的"X 射线"礼服裙，展示了形成迪奥原创设计作品的极端形状所需的复杂的层次结构。该系列还包括用小片鳄鱼皮制作的贴绣作品、用鸵鸟皮创造的亮片效果，以及用定位刺绣玫瑰花镶边的晚礼服。因此，与其说这是最后的装饰，倒不如说是在计划着如何呈现设计。它们曾低调而优雅地展示于蒙田大道三十号的时装店，呈现出一种高贵感。

尊重、浪漫和克制，这三个词概括了比尔·盖登在一年任期内举步维艰的困难历程：尊重并传承加利亚诺和迪奥的时尚；浪漫中带着低调的娇媚，而不是戏剧性的激情，他对廓形和色调的处理都很克制。事实上，盖登引领迪奥的这段时间对于品牌来说是一次必要的洗礼，为高级时装屋的下一任创意总监奠定了基础，后者将再次为迪奥重新定位，使其在 21 世纪焕然一新。

撰文 / 亚历山大·弗瑞

"现代玫瑰"

作为加利亚诺长期以来的得力制版师，比尔·盖登
开始带领团队 [盖登的首席工作室助理苏珊娜·贝内
加斯（Susanna Venegas）加入其中]，创作加利亚
诺离开后的第一个高级定制系列。

该系列名为"现代玫瑰"，从设计和建筑的世界中汲
取灵感，开场部分呼应了 20 世纪 80 年代在埃托·索
特萨斯（Ettore Sottsass）领导下的孟菲斯集团设计
的充满活力的装饰图案。

"粉彩色调与黑白图形的大胆组合的灵感来自索特萨
斯，"而"迪奥玫瑰以缩褶、印花、折叠手法呈现精
致的塔夫绸花瓣，轻盈的透明丝织物裙裾如波浪翻
飞，三层欧根纱与皮革贴花相结合，"时装系列笔记
写道。"干净利落的线条与手工切割的粗糙外观形成
鲜明对比，而什锦水果冰激凌风格的刺绣则五彩缤
纷。皮革和塑料刺绣在新的垂饰技术中焕发光泽。"

孟菲斯时刻过后，"闪闪发光的软金属元素与玻璃亮片
相组合的灵感来自弗兰克·盖里（Frank Gehry）……
现代风格的波浪裙材质各异，轻盈的千层纱形状自
然柔美，饰有金银箔片的织物边缘松散、色彩斑斓，
消光塔夫绸色泽柔和。"

最后，"带亮片的木纹和孔雀石印花"参考了装饰艺
术派室内设计师让－米歇尔·弗兰克（Jean-Michel
Frank）和让·杜南（Jean Dunand）的设计风格，"手
绘雪纺饰以多彩玫瑰花瓣的设计灵感"来自马克·博
昂，压轴作品则使人想起"让·保罗·古德（Jean-Paul
Goude）的巴黎剧院之夜"。

后现代迪奥套装

比尔·盖登的首个成衣系列重新审视了前一个高级定制系列（见 516 页）的图形图案,该系列向"孟菲斯"（埃托·索特萨斯领导的 20 世纪 80 年代后现代主义设计团体）运动的作品致敬,并重新设计了著名的迪奥套装的比例。

蒂姆·布兰克斯为 *VOGUE* 杂志报道说:"整个系列弥漫着一种精心打扮的氛围,不仅有很多服装以透明丝织物和欧根纱裁制而成,而且经典迪奥套装也因加宽了衣领而更具现代感。"

"灵感来自迪奥套装标志性的紧身上衣,重塑并完善了其优雅的比例。"高级时装屋表示,"剪裁受到迪奥先生下垂式和服袖的启迪,重新设计了迪奥的经典廓形,抬高腰线、加宽领口,创造出一种更紧凑、更流行的造型,"而"图形结构元素贯穿整个系列,包括大胆的几何印花、黑白分明的人字纹拉菲草面料,以及窗棂格图案。"

X 射线式优雅

"优雅必然是个性、自然、精心和简洁的正确组合"——克里斯汀·迪奥本人的这句话成为了该高级定制系列的主题。该系列的灵感来自克里斯汀·迪奥作品中的 X 射线设计。

"这个系列呈现出从反面看照片的效果，像是发光的在制品。"高级时装屋表示，"衬裙制作精细，半透视的材质精准地揭示出每件作品内部的层次与结构。

"黑底白色刺绣、白底黑色刺绣，像是一组由黑、白和迪奥灰组成的朴素调色板……通过层层叠叠的半透明蝉翼纱裙、褶皱裙和提花裙，可以看出剪裁工艺。精致的抽纱工艺针法和部分绣花多层裙彰显了女装设计师的细致和迪奥高级定制的手工技艺。"

晚装方面，克里斯汀·迪奥的"舞会盛装礼服采用正负片倒置的当代 X 射线处理技术，以白色来表现夸张廓形构成的黑色剪影，创造出一种优雅空灵的现代美。"

"柔润的女性气质"

VOGUE 杂志报道说:"比尔·盖登的成衣系列感觉就像对迪奥当代 DNA 的悄然重新代言。"该系列在柔和的迪奥灰背景下展开,"纯粹的形状被赋予柔润的女性气质,利用质地和色调来创造一种现代、奢华的廓形。"高级时装屋表示。

"迪奥的阳刚剪裁风格与芭蕾舞的女性气质相互融合,"时装系列笔记写道,"千鸟格以丝带刺绣的纹样在皮革上得到重新诠释,搭配层层叠叠的欧根纱和透明丝织物。'仿黑'色调的男装定制面料与皮革和缎面皮革拼接在一起。

"迪奥套装离不开高难度的立裁技术,搭配半结构化的全新百褶裙,裙长比之前略长一些。"而晚礼服则重塑了"迪奥先生纯粹结构化设计的礼服,采用透明面料与红色系的裸色和浓郁的墨色宝石色调面料裁制而成。"

拉夫·西蒙

现代主义者

"新"是什么? 这似乎是设计师拉夫·西蒙在掌舵克里斯汀·迪奥女装品牌三年期间一直在思考的问题。如何让迪奥的历史传承从里到外都让人感觉焕然一新呢?

从思想体系上来看, 西蒙是一个现代主义者, 他与当代艺术和音乐紧密相连, 深受亚文化和青春期叛逆思想的启发。事实上, 从表面上看, 他的影响更类似于作风激进的伊夫·圣罗兰, 而不是有商业头脑的迪奥先生。西蒙在 1995 年创立了自己的同名品牌——一个创新的男装系列, 来探索他的这些理念。

然而,西蒙的执着与那些让迪奥先生着迷的执着之间有一种相似之处。看看"新风貌", 这些服装捕捉到了战后时尚界的抱负和紧张感, 希望让女性重新拥有梦想。它们是对所处时代的深刻而贴切的反应, 就像西蒙自己的 2002 男装系列, 灵感来自八国集团 (G8) 峰会的骚乱。两者的外观不同, 甚至性别不同, 但同样捕捉了时代的脉搏, 同样将时尚嵌入更广阔的文化意识中。这就是拉夫·西蒙为迪奥设计的作品看起来十分新颖、现代的原因 : 他的理念是传承迪奥精神, 捕捉我们所生活的时代的感受, 体现当代精神。"我试图为迪奥带来很多现实感,"西蒙说, "这与当代女性的生活方式有关。"

1968 年, 西蒙出生在比利时小镇内尔佩尔特。他学习的是工业设计, 而不是时装, 这种实用主义影响了他对服装的态度。他最初感兴趣的是当代艺术, 而不是时尚, 一如克里斯汀·迪奥本人的激情所在。在观看了 1990 年比利时解构主义设计师马丁·马吉拉 (Martin Margiela) 的一场秀后, 西蒙开始对当代艺术产生兴趣。马吉拉以采用意想不到的面料, 通常是二手面料制作服装而闻名, 他在儿童游乐场而不是高级时装屋里举办了这场时装秀。自此, 西蒙为时尚世界而着迷。马吉拉的衣服表明, 时尚不是只有浮华外表和纵情歌舞, 而是可以在情感和智力层面上引起共鸣的, 其魅力近乎于艺术。这一认识驱使西蒙创立了自己的产品线。他第一次真正开始设计女装是在 2005 年, 为德国品牌吉尔·桑达 (Jil Sander) 设计高级成衣, 其设计风格与该品牌创始人的极简主义风保持一致。

西蒙的男装曾被赞誉具有革命性和划时代意义,他的女装同样至关重要。在为吉尔·桑达推出一连串颇具影响力的系列服饰之后, 西蒙结束了其在该品牌七年的创意总监生涯。他为该品牌设计的时装系列采用中世纪的高级定制美学, 但以饱和的霓虹灯颜色和透气的合成材料 (能更好地承受染料的强度) 重新诠释, 在整个时尚界产生了广泛的影响力。它们也为西蒙在迪奥的首季发布秀，即 2012 秋冬高级定制系列起到了引人注目的预演作用。

最常用来形容西蒙赋予迪奥愿景的词是"现代"。西蒙对前卫思维的感觉与迪奥固有的向后看的浪漫主义相结合，形成一种动态的融合。这其中包含了"更新"迪奥作品的意识。西蒙的首场迪奥时装秀将迪奥套装凹凸有致的廓形与纤细修长的长裤相组合，仿佛结合了该品牌两位伟大的革命家克里斯汀·迪奥本人和伊夫·圣罗兰（他在 20 世纪 60 年代将长裤套装引入高级定制）的精粹。其他风格则是基于迪奥的舞会礼服设计，缩短臀部尺寸，形成简短的半身裙，搭配更细长的裤子。费德里克·郑（Frédéric Tcheng）拍摄了该系列创作过程的纪录片，该片展示了西蒙对迪奥历史档案中服装的趣味运用，包括经典的迪奥套装和 1952 年的几何串珠裙（名为"埃丝特"），两者都以某种形式出现在展会上。西蒙对复制不感兴趣，他想做的是重新诠释，用 21 世纪的说法来表达，即"重新混合"，让这些衣服与现在产生关联。

这是一个西蒙重塑迪奥作品的实例。但从概念上来说，这也是西蒙在该品牌中所寻求的，利用其成熟的品牌准则来制造一种不同的效果，创造一种全新的风貌。拉夫·西蒙发现了隐藏在迪奥历史档案中的现代性。

撰文 / 亚历山大·弗瑞

新"花漾女性"

这是比利时设计师拉夫·西蒙的第一个迪奥系列，费德里克·郑的纪录片《迪奥和我》（Dior and I）中展示了这个系列的作品，其设计灵感来自克里斯汀·迪奥本人创作的服装。

"迪奥先生是一位杰出的样板设计师，"西蒙说，"他可以构造出如此完美的作品，但又经常以某种方式打破这种完美。迪奥先生为时装穿戴者考虑得尽善尽美。你可以看出他就是这样，以这种不可思议的方式，珍爱女性。"

西蒙开始"借鉴迪奥的设计准则，将它们活学活用，让高级定制充满活力，强调迪奥套装的建筑象征意义……（将）外套的结构融入到其他服装中。"时装系列笔记写道。

西蒙的迪奥首秀安排在耶拿大街上一家宏伟的贵族私人酒店内，四周墙壁上覆盖着数十万朵新鲜的花朵（从白色兰花和粉红色牡丹到蓝色飞燕草和黄色含羞草），它们的颜色和"结构"与系列衣服相呼应，展示了新的迪奥"花漾女性"（迪奥先生如此称呼其"新风貌"的廓形和姿态，以表达他对鲜花的痴迷）。

"或许当代花漾女性的形象在裁切式舞会礼服的廓形中体现得淋漓尽致，"迪奥高级时装屋说，"该设计起始于迪奥历史档案中的舞会礼服样板，其原始廓形经过裁切并缩短长度，改成短裙或上衣，搭配简洁的黑色香烟裤。上半部分的廓形保持不变，下半部分则强调了我们现在的生活方式。"

开场服装是黑色羊毛燕尾服迪奥套装（见右图），之后出场的是刺绣裁切式舞会礼服抹胸裁裙搭配精裁西装裤（包括紫红色天鹅绒波点刺绣的薄纱作品，见530 页右图，其设计灵感来自迪奥 1952 秋冬系列的"埃丝特"连衣裙）、嵌入式结构的日装和抹胸式晚装裙、一袭引人注目的"迪奥红"迪奥套装羊绒大衣（见对页左下图）以及一款出人意料的电光蓝色阿斯特拉罕羔羊皮抹胸式鸡尾酒裙（见530 页左图）。

西蒙热衷于推动新技术和新面料在高级定制业的发展，这一点从他设计的双色网状多层套装（见534 页右图）可以看出。最令人难忘的是斯特林·鲁比（Sterling Ruby）专为该系列绘制的精妙晕染图案被印制在公爵缎大衣和晚礼服（见534 页左下图和531 页图）上。时装发布秀以一件饰以"点彩"渐变色雪纺刺绣的华丽白色欧根纱连衣裙（见535 页）压轴。

"解放"

拉夫·西蒙在其首个迪奥成衣系列中选择"探索解放的主题，既有对品牌的历史意义，也有对他自己的个人意义，"高级时装屋表示。

克里斯汀·迪奥在 1947 年创立个人品牌并展示其首个系列时，"他欣然接受了女性化、复杂性和情感性的事物，还采纳了一种摆脱过去的自由观念。"西蒙说，"先有'施加约束'的想法，然后才有心理上的解放意识；为了挣脱这种束缚，高级时装屋应运而生，我也想这么做。"

因此，西蒙开始"拥抱性感、情绪、感性和女性气质"——以及女性的身体，该系列有许多颇具特色的迷你连衣裙（包括受迪奥套装启发的短外套式连衣裙）和"可随意搭配短裤的拼接式舞会礼服长裙"，又称为"裁切式舞会礼服"，延续了西蒙之前为迪奥设计的高级定制系列（见 528 页）的风格。

西蒙还继续重温克里斯汀·迪奥最著名的作品。"本系列中，迪奥套装历经多次排列组合设计，'A'系列（见 82 页）和'H'系列（见 74 页）外套也是；内嵌式褶皱充满建筑感，三角插片撑开衣摆，让人活动自如。刺绣和贴花设计扑面而来，十分抢眼。"时装系列笔记写道。

该系列展示了双面印花百褶裙搭配黑色羊毛短裤、黑色薄纱刺绣搭配"A"系列丝绸连衣裙，以及各种金属色调服饰：从欧根纱迷你连衣裙到压轴的霓虹色真丝公爵缎印花宽摆裙，后者搭配简单款黑色真丝羊绒上衣（见对页右上图），与西蒙首个迪奥高级定制系列（见 532 页）的设计相呼应。

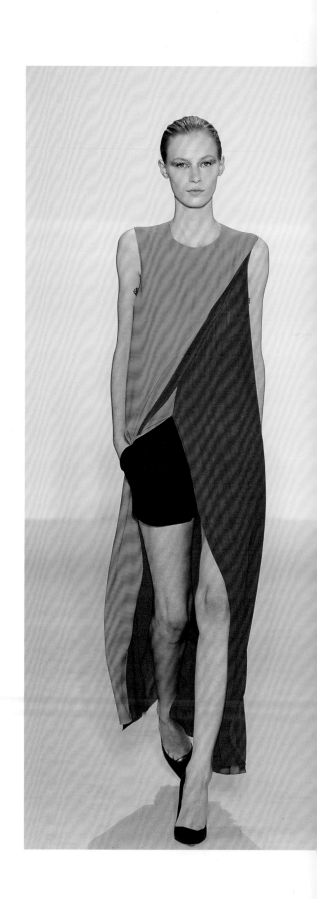

春日花园

本季，拉夫 · 西蒙邀请嘉宾们来到新的迪奥花园，该花园位于巴黎市中心的杜伊勒里公园，由比利时景观设计师雅克 · 维尔茨（Jacques Wirtz）之子马丁 · 维尔茨（Martin Wirtz）设计。"这季，我想做一个一目了然的系列，"西蒙说，"我希望它能让人联想到春天，能十分贴切地体现春天的概念。"

"服装本身和着装的女性展示了春季的时光流逝，从早春大地自冬日复苏、万物初现生机、鲜花含苞待放，到仲夏繁花烂漫。"时装系列笔记写道，"这种感觉很大程度上是通过精致、密集的多层次花卉刺绣体现出来的。随着系列展示持续推进，服饰上面运用的刺绣越来越多，最终构成泡泡裙上盛开的花朵，以精心设计的结构掩饰看似有机的形状，所有这些精美绝伦的工艺最终尽在迪奥高级定制工坊掌握之中。"

西蒙说："从上一季迪奥高级定制开始，系列便呈现一种成长变化感，但对着装者来说，始终保持着延续性和现实感。"

带刺绣的紧身胸衣式连衣裙在系列中比比皆是，*VOGUE* 杂志的哈米什 · 鲍尔斯（Hamish Bowles）称赞西蒙使用了"三维立体刺绣表现草叶的轻盈，又在腰部荷叶边上缀满精致的丝绸花瓣，或在黑色网状紧身胸衣上布满野花"。同时"摒弃对称设计，采用了分层式设计，廓形看似在逐步变大。"高级时装屋说。

在黑色晚礼服、金色连衣裙和紧身胸衣式千层（三层）连衣裙离场后，压轴的舞会礼服陆续惊艳登场，其中包括一袭淡粉色丝质礼服（见 540 页左图），女演员詹妮弗 · 劳伦斯（Jennifer Lawrence）后来身着该礼服出席了 2013 年奥斯卡颁奖典礼。詹妮弗 · 劳伦斯因在电影《乌云背后的幸福线》（*Silver Linings Playbook*）中的表演而获得奥斯卡最佳女主角奖。

沃霍尔与《银云》

在荣军院旁沃邦广场上特别搭建的空间里，几个巨大的镜面球体在"马格利特风格的云道"上蜿蜒排列（与安迪·沃霍尔 1966 年的装置艺术作品《银云》相呼应），时装秀就此揭开序幕。该系列与安迪·沃霍尔视觉艺术基金会进行了一次特别合作，将超现实主义和波普艺术相结合。

"对我来说，沃霍尔意义重大，"西蒙说，"我对他早期作品中的细腻和敏感很感兴趣，很自然地将其图形风格运用到了这个系列中，这种手绘作品和个人签名式的概念贯穿始终。

"这个系列更多的是与我们共同的激情相联系，"西蒙继续说道，"就像克里斯汀·迪奥出于对艺术的浓厚兴趣，以画廊主的身份开启他的职业生涯，并在早期代理过达利和贾科梅蒂（Giacometti）的作品。还有，与某些时间段的联系也很重要，就克里斯汀·迪奥来说，是他对'美好时代'的痴迷，就我个人来说，是我对中世纪现代设计风格的痴迷。"

沃霍尔早期的手绘作品在整个系列中反复出现，印在或绣在连衣裙、裙子甚至手袋上，这体现了时装系列笔记中所说的原则，即"该系列以视觉剪贴簿的形式展现，是包含拉夫·西蒙和克里斯汀·迪奥高级时装屋重要时刻在内的服装抽象拼贴画。"

迪奥套装以羊毛牛仔面料重新诠释，并与牛津包搭配。迪奥标志性的千鸟格图案经过"探索与转换，频繁出现在羊毛紧身胸衣上"。西蒙重温了克里斯汀·迪奥的一些经典之作，尤其是引人注目的红色羊毛大衣"亚利桑那 1948"（见对页左上图）以及黑色皮革紧身胸衣式长裙"滑稽歌剧 1956"（见 544 页右下图）。

"从之前的高级定制系列开始，不对称的设计概念贯穿始终，廓形变幻莫测，同一件衣服可以长短结合。这个系列充满了意想不到的排列组合和高低错落的视觉效果，让人浮想联翩，就像一本个人剪贴簿……最终汇成西蒙所说的'充满回忆的裙子'……其中的刺绣和贴花图案则体现了迪奥先生的一部分个人经历。"

"蕾丝与活力"

拉夫·西蒙为迪奥高级时装屋设计的首个早春成衣系列时装发布会在摩纳哥举行。"时装秀的会场布置在蒙特卡洛海滨一处简单朴素、开放式流线型场地，模特们袅袅婷婷地行走在光影变幻的狭长海滩上。"时装系列笔记如此说道，"在地中海的光线下，该系列中世纪风格的色彩组合与衣服的轻盈摆动吸引着众人眼光。"

"对我来说，本系列的重点是蕾丝与活力。"西蒙声称，"这是个挑战，因为我从未在设计中使用过蕾丝。此次，我旨在改变材料的原始意义，将浪漫、具有历史感的古老事物转换成轻盈、俏皮、多彩且洋溢着活力的现代材料。"

"该系列的核心是以一种看似漫不经心的轻松态度，冒险将历史主题与当代风格融合在迪奥档案作品中，"高级时装屋表示，同时"以各种方式对蕾丝主题进行研究和处理，包括印花、刺绣、覆合、上光……将材料的使用发挥到极致。"

该系列还重新诠释了经典迪奥套装系列以及克里斯汀·迪奥在首场发布秀中推出的"花冠"系列宽摆裙，"对以往的设计进行重新构想和定义。紧腰短外套采用拉链设计、以新材料呈现并与针织'日光衣'叠穿，这是对潜水服和传统泳衣的一种历史回顾。"时装系列笔记补充道。

"（西蒙）总是赞美克里斯汀·迪奥设计的礼服具有律动感，但这次他终于承认最初的服装存在一定的局限性，所以他在本系列中多处采用了拉链设计，还运用了空气动力学原理以及不对称设计。"蒂姆·布兰克斯为 VOGUE 杂志写道，并称赞"一条桃色斜纹软缎太阳裙飘逸出尘，格蕾丝·凯莉（Grace Kelly）穿上去肯定毫无瑕疵，只不过……用拉链……一分为二了（见对页右上图）。"

这位设计师"采用度假装的传统概念来创作本系列。"凯西·霍林在《纽约时报》上写道，"换句话说，这些服装是为了让人休闲放松而设计的，他从未背离这种理念……许多时装屋打算让早春成衣系列发挥更大作用，而西蒙是在脚踏实地地重新定义这个部分的业务。"

世界时装

拉夫·西蒙对 *VOGUE* 杂志的萨拉·莫厄尔说："人们总认为高级定制是时尚界仅供娱乐的角色，这让我很恼火。我感兴趣的是深入探索人们的内心，思索人的个性，以及女性生活的文化环境。"

此次高级定制系列按不同的地域（欧洲、美洲、亚洲和非洲）划分为四个部分，"开场时展示的是来自不同大陆和文化、身着高级定制服装的女性，以及她们的个人风格，"西蒙说，"该系列逐渐演变为展示迪奥风格，不仅与巴黎和法国相关，而且与世界上其他地区相关，另外还有许多时尚文化对迪奥高级时装屋和我本人的影响。"

这四个部分各具特色，风格迥异。"欧洲"部分侧重于"'巴黎人'神圣不可侵犯的地位及其与迪奥高级时装屋历史的密切联系"；"美洲"部分"大胆、活跃、动感且图形化，服饰上的旗帜图形有特殊含义，富有感染力"；时装系列笔记介绍说，"亚洲"部分特点为"服装充满平衡感、传统感和纯洁感，侧重衣服的建筑感和复杂结构"；最后，"非洲"部分代表"自由、俏皮和浑然天成的创造力，马赛部落的独特风格为这个部分提供了特别的灵感"（多年前，约翰·加利亚诺的首个迪奥系列将该部落的审美与迪奥的廓形融合在一起，见 260 页）。

该系列的全球视角也影响了高级定制工坊所使用的工艺，他们采用了一些传统的方法，如扎染（复杂的捆绑和染色工艺，制成的布料带有独特图案）。

为了保持本季多元且独立的视角，使系列呈现更为生动，四位摄影师——帕特里科·德马切雷（Patrick Demarchelier）（负责"欧洲"部分）、威利·范德培尔（Willy Vanderperre）（负责"美洲"部分）、保罗·罗维西（Paolo Roversi）（负责"亚洲"部分）和泰利·理查森（Terry Richardson）（负责"非洲"部分），受西蒙委托，"让这个系列在秀场上得到重新诠释和想象"。他们在后台拍摄的图像，与西蒙在他首场迪奥高级定制时装秀中使用的花卉图片一起，被投射在 T 台后面的白墙上，"将这场全新的、兼具鲜明的个人特色和全球视角的高级定制系列的视觉效果推向高潮。"迪奥高级时装屋说。

"转基因"

秀场上搭建了一个巨型脚手架，色彩缤纷的植物和花朵从天花板上悬垂下来。该系列的中心"理念是扭转、改变和推动迪奥，在此，抒情的浪漫氛围危机四伏，美丽的玫瑰花园暗藏毒素。"拉夫·西蒙说，"迪奥的很多东西都关乎天性，而人们认为你无法改变天性。但我想改变事物的自然本质，时尚生来便存在无限可能，充满各种风险，而且变幻莫测。"

开场服装是迪奥套装（裁切至腰部，见右图），"服装的经典概念经过'基因改造'，其'DNA'被分解或重组，形成新的廓形。"时尚系列说明中写道，"裙子和短裤交叉层叠；褶皱设计运用广泛，其呈现效果具有建筑感，焕然一新；针织品结构严谨而如羽般轻盈；'沙漏'廓形作为新的概念首次登场。"

该系列分为三个类别："旅行者"（象征着"探索，通常以徽章和标志来表示"）、"转型者"（"改变迪奥现有的想法并继续前进"）和"运输者"（"最越界的元素，用自己的故事打断了迪奥的叙述，在'文本式'连衣裙上体现得尤为明显，"诸如标有"爱丽丝花园"、"超级玫瑰"或"享乐之路"等字样的裙子）。

"我希望本季呈现出一种特殊的女性群体之感：一个独特的新部落，既精致又野蛮。"西蒙说，"我想给人一种感觉：你不清楚这些女性来自哪里，又要去往何方，她们存在于一个充满变化和无限可能的新地方。"

"女性化的工艺"

"这一季赞美了高级定制工坊明显女性化的工艺，以及创作者和客户之间独特的私人关系。"时装系列笔记这样写道。

时装秀的布景采用纯白色调、手工雕刻，其灵感来自陶艺家瓦伦丁·施莱格尔（Valentine Schlegel）的作品。系列作品探索了"一个私人的、近乎隐密且不为人知的女性世界"。"室内设计有一种激进的女性姿态，"拉夫·西蒙称，"我希望穿着这些衣服的女性也能感受到这一点。"

"我认为这个系列几乎是抽象的，"西蒙说，"比起其他东西，我更想把注意力放在高级定制的亲密感、它的情感体验以及客户、高级时装屋和女性之间的关系上。"

在体现"隐藏、亲密感和裸露感"方面，透视度、刺绣和雕绣发挥了重要作用。*VOGUE* 杂志的马克·霍尔盖特（Mark Holgate）称赞精致而富有建筑感的"三维立体花卉亮片聚成一圈，四周环绕着大片蝉翼纱……几何形状的薄纱叶片镶嵌在'千层酥'般轻盈的多层塔裙上。"

西蒙热衷于保持高级定制系列的现代感和活力，有一些鸡尾酒裙和晚礼服搭配的是满绣花卉图案的定制运动鞋（见 556 页）。

克里斯汀·迪奥喜欢让他的服装充满动感，西蒙告诉蒂姆·布兰克斯，"我在想，如果迪奥先生再掌管品牌二三十年，势必遭遇 20 世纪 60 年代的社会运动，那时会发生什么？"

"城市之光"

"本季我想展现一种全新的女性形象,"拉夫·西蒙说,"一位立场明确、充满力量和能量的女性。我想推行一种强而有力的剪裁设计,来呈现另一种现实,另一种功能。这一季较少体现花园式的休闲,更多的是关于城市节奏。我为繁华都市和周围环境的现实感着迷。"

系列名为"城市之光",旨在歌颂"城市化廓形以及着装女性的力量和能量",将女性气质与男性气质相结合,将男装剪裁的传统与迪奥"花漾女性"的愿景相结合。

男性化的面料和剪裁在该系列中随处可见:"尖角翻领、双排扣设计和牛角扣取代了很多女装定制套装常用的传统元素。另外,用男士衬衫面料来制作裙装,用尼龙制作一种新型的藤格纹绗缝礼服,用流畅优美的双面羊绒制作鸡尾酒礼服。"

该系列将运动鞋(曾在西蒙之前的迪奥高级定制系列中出现过,见554页)的底座改造成新款高跟鞋(见对页右上图),而将鞋带转移到束腰式系带大衣和迪奥套装连衣裙(见对页左下图)上。

"白色旗帜"

拉夫·西蒙在介绍新的早春成衣系列时说："美国对我来说是持续不断的灵感源泉。"该系列在纽约东河沿岸的布鲁克林海军船坞发布,"流行文化、充满能量、川流不息……这里是如此具有活力。我一直喜欢美国文化的兼收并蓄,各种风格融为一体。但它始终保持着一种风貌,一种浓厚的风貌。无论在上城区还是下城区、东海岸还是西海岸,女性的衣着总有一种力量和现实感。"

本系列名为"白色旗帜",以丝巾或法式方巾作为主题,将其转化为系列作品的"旗帜":"对流行图像进行戏谑式的探索,使保守、淑女的内涵展露无遗,释放出百折不挠、自由奔放的情感,"时装系列笔记这样写道。

设计刚柔并济,"基于人体模型定制的传统服装结构紧致有型,与系列作品采用的丝绸面料形成反差,而硬挺的衣身则常常与流畅优美的袖子和裙子相映成趣。"

法式方巾的形状对服装结构产生影响,而丝巾的传统手绘图案则为整个系列印花丝绸的装饰图案设计带来灵感。"我想探索更多的印花元素,但不想表现得太过浪漫,"西蒙告诉 *VOGUE* 杂志,"一些珍藏多年的丝巾蕴含的原始性和艺术性令我十分惊喜。"

"命运的奥义"

为创作本季名为"命运的奥义"的系列，拉夫·西蒙搜罗了大量不同的物品作为灵感来源，从 18 世纪的宫廷礼服到宇航员套装，更多的是介于两者之间的服装。

"这个系列并没有严格遵循史实，而是融入了想象，分成八个截然不同的部分，每个部分的主题都有变化。"时装系列笔记如此描写道，"该系列的历史跨度从 18 世纪向前推进至今，不仅吸收了 18 世纪法国男女宫廷服装的元素，而且综合了各国宇航服的特点。宇航员是西蒙探索精神的象征，飞行是该系列中反复出现的主题。"

"主题和结构变化按下文所述顺序展开。法兰西长袍：18 世纪传统服饰的变体，多为带裙撑的复合样式，采用新的薄纱结构以减轻重量（见右图、对页右图及 565 页左下图）。法兰西飞行服：飞行服与传统礼服的结合体；衣服的样式和刺绣的部位不时发生变化，装有拉链、采用丝质塔夫绸制成（见 564 页右下图）。20 世纪 10 年代的直筒服装：源自爱德华时代的蜿蜒修长的大衣，经典再现。紧身衣与外套的结合：转换工艺细节，为结构形式服务；紧身衣变成裙子，外套变成短上衣……紧身上衣和马甲（背心）：18 世纪男性化的'宫廷大衣'重新以女性化的设计呈现（见 566 页和 567 页左上图）。20 世纪 20 年代无拘束的服装：20 世纪 20 年代宽松的'时髦女郎'线条在刺绣艺术中得到重新诠释（见 565 页左上图）。领子与迪奥套装的结合：迪奥档案作品中最抽象、运用几何元素最多的部分；精心制作出源自 1950 年的纯粹的体积感和造型感，充分展现了克里斯汀·迪奥作品在形式上的纯粹的建筑风格（见 567 页左下图）。工艺、褶裥和秩序的融合：传统与工艺相结合的装饰手法；传统的滚边工艺，（使人联想起）宇航员套装的制衣方法（见 567 页右图）。"

西蒙解释说："在颇具历史意义的事物中发掘极其现代的东西，这个过程让我心驰神往。我尤其喜欢通过并置不同主题的方式进行发掘。历史的灵感并不是设计这些作品的初衷，该系列具有更宽广的意义。吸引我的是一种基于建筑结构的设计理念，一种非常典型的迪奥态度，以及一个时代的基础是如何建立在另一个时代的基础上的，未来又是如何建立在过去的基础上的，这些都令我着迷。"

"命运的奥义（多元融合）"

"在上一个高级定制系列和时装秀中，在颇具历史意义的事物中发掘极其现代的东西让我心驰神往。"拉夫·西蒙解释说，"这个时装系列，我想继续这样的想法；我认为还有更多的东西可以探索。从高级定制的要素和形式语言开始，但要更上一层楼，我希望高级成衣感觉更现代、更有活力、更真实，我希望它的受众群能更广些。"

该系列取名为"命运的奥义（多元融合）"，以明确其与西蒙之前为迪奥高级时装屋举办的高级定制发布会（见 562 页）的联系。在卢浮宫方形庭苑中，在明亮洁白的"太空时代"灯光下，该系列继续展现西蒙对 18 世纪宫廷礼服和宇航员"飞行"服的探索，而"采用数字网格形式的全新'微型提花面料'则使人想起迪奥传统的藤格纹绗缝工艺，其本身在皮革制品中得到运用并有所变化。"时装系列笔记如此描写。

"该系列想表达的理念是：正视当下人们所谓的现代美学——去了解遥远的过去，而不是以'现代化'的眼光看待过去的十年，这种做法让人感觉更为现代。具有挑战性的是，如何将当代现实主义的态度融入历史悠久的事物中，将轻松的感觉融入可能被人们视为戏剧化的场景里。重要的是态度。"西蒙总结说。

"迪奥精神·东京"

在克里斯汀·迪奥首次在日本举办高级定制发布秀
（1953 年）的几十年后，拉夫·西蒙选择在日本顶级
相扑场之一的东京国技馆体育场发布本次早秋成衣
系列。

拉夫·西蒙告诉《金融时报》（*The Financial Times*）
的乔·埃利森（Jo Ellison）说："日本风尚的受众群
及品味都无可比拟。尽管高级时装屋与日本有着密切
的联系，但日本风尚存在之久，已经超越了迪奥的历
史……我的灵感来自日本人对时尚的态度，这个时装
系列是对东京的服装风格的一种诠释与宣传。我想
把两种相差甚远的风格结合起来，兼顾服装的魅力、
实用性和建筑风格。"

西蒙利用对比，将"亚光与亮光、晚装与日装、含蓄
而阳刚的色调与热情奔放的原色为伍，未经雕琢的
实用品与高档豪华的精品混搭"，"所有这些都是这个
时装系列的典型特征。"时装系列笔记如此描写。

该系列甚至将"迪奥小姐"手袋改造成了极端型版本，
"要么按比例放大成实用的大号手袋，要么配上厚肩
带使其成为更具装饰性的小号手袋，这个经典款式
如今被赋予可爱的内涵"。

亮片无处不在，亮片针织品"经常模仿缆绳纹等传统、
实用的同类产品，以及阿兰毛衣和费尔毛衣，现在
被处理平整并制成闪亮的图案"，或者用作"叠搭内
衣和圆翻领毛线衫，其外穿着更实用的日常面料，如
厚羊毛、水洗皮革和涂层棉布制成的外套"。

白色钩针连衣裙内的长袖上衣（见对页中上图）、貂
皮服饰（见对页左下图）或超大号漆皮制派克大衣上
都覆有亮片，短款刺绣提花针织羊毛连衣裙也织有
亮片，从而达到闪亮的效果（见对页右下图）。

"月球时代的白日梦"

这个系列名为"月球时代的白日梦",旨在向大卫·鲍伊(David Bowie)致敬。拉夫·西蒙在介绍该时装系列时说:"这么多年来,我一直在思考未来,对过去总是抱有反浪漫主义的态度,但过去也可以是美丽的。此系列兼具 20 世纪 50 年代浪漫主义、60 年代尝试精神和 70 年代自由主义的感觉,无论在现实体现还是态度方面。但我真的想借鉴过去,从现在的视角出发,表达一些与当下相关的东西;一些更狂野、更性感、更奇妙,当然也更自由的东西。"

"将幻觉融入想象,将各个时期的特点糅合在一起,同时在材料和技术上将传统和实验性相结合。"时装系列笔记指出。面料和技术也"突破了高级定制工坊的极限",有"层次丰富的水溶花边"连衣裙(见 574 页右图、575 页右图和 576 页下图),有些绣着亮片(见575 页左下图),有些则外搭印花塑料宽松直筒连衣裙、马甲或长外套(见右图)。

"新的漆皮扣合系统兼具结构性和装饰性"(见 575 页左上图),多色提花针织紧身连衫裤"宛若第二层皮肤般紧贴身体,用乙烯基塑料制成的靴子同样色彩鲜明"(见 574 页左图),而绣有各色丝带的"杰作"白色丝绸细褶裙(见 576 页右图和 577 页左上图、右图)"加强了这个时装系列以装饰性材料体现建筑般结构的感觉"。

"典型的迪奥'花漾女性'在这个时装系列中得到颠覆和解放。她身穿镶嵌式和滴落式的蕾丝花纹服装、纹身图案连体衣和超现实风格花纹的塑料外衣,与从前判若两人,展现出未来主义、生动和果断的一面。在布满镜子的八边形秀场中,她打扮得精致入时,又颠覆传统审美。"

西蒙解释说:"我希望这个时装系列和秀场都有种目不暇接的感觉。除了鲜艳色彩的冲击,衣服表面还有一些装饰和珠宝镶嵌。在具有建筑性结构的服装带来感官享受的同时,秀场的内部装潢也有类似的迷惑感,让你恍然若失,完全没有空间感和时间感。"

"动物"

拉夫·西蒙以他为迪奥高级时装屋创作的前一个时装系列（见 572 页，包括图案化的针织紧身衣裤和连衣裙、紧身靴）的主题为基础，将本季成衣系列命名为"动物"，"兼具本能和优雅、野蛮和邪恶，天人合一，由不同装饰形式混合而成。"时装系列笔记如此描写。

"我希望这个时装系列能以另一种方式表现自然天性和女性气质，"拉夫·西蒙说，"远离花园和鲜花，追求更自由、更深沉、更性感的风格。之前的高级定制系列就已经开始体现这一理念，但在成衣系列中，女性可能呈现出更多的野性、原始和毫无保留的男子气概。该系列的关键在于对动物的看法和对动物身上花纹的抽象化设计。这并不是在创作写实作品，更像是在创造新物种。"

超大号男性化特色剪裁贯穿整个系列，"硬朗粗糙的花呢和羊毛毡以长外套和廓形蜿蜒修长的外衣、不对称的设计和若隐若现的镂空呈现其女性化的柔美气质。"迪奥高级时装屋说。抽象的动物花纹在短款紧身衣裤和连衣裙上起到了装饰的作用，而"用乙烯基塑料制成的长靴宛若第二层皮肤"，还有"部分染色、部分原色的加拿大狐狸皮毛，经裁切后与密实的花呢相拼接，制成奢华的大衣或连衣裙"。

"该时装系列从'花漾女性'的花园走向'雌性动物'的领地。从 1947 年克里斯汀·迪奥破天荒地使用豹纹印花（见 24 页）的首秀开始……以生动鲜活的超自然色调进行提取和对比，搭配与新奇外来物种的主题呼应的手袋，这一经典动物纹样在现代服装中的运用颠覆了其原来意义，被赋予新的生机。"

泡泡宫

迪奥高级时装屋和拉夫·西蒙选择法国南部独具特色的泡泡宫来展示早春成衣系列。泡泡宫位于滨海泰乌勒的悬崖之上，由匈牙利"行为学"建筑师安蒂·洛瓦格（Antti Lovag）设计。据说，洛瓦格称直线是"违反自然的"，他从因纽特人的球形冰屋和早期人类的居所中找到灵感，于 1975 年为当时的业主皮埃尔·伯纳德（Pierre Bernard）设计了这项杰作。在皮埃尔去世后，这座有机的、泡沫状的、多层的赤土房子被女装设计师（克里斯汀·迪奥先生的前任"套装工坊主管"）皮尔·卡丹（Pierre Cardin）收购。

拉夫·西蒙说："泡泡宫在许多方面都与其他建筑截然不同。它的设计更人性化，而非只注重理性，兼顾个性化和趣味性。这是我梦寐已久的地方，我非常高兴能够在这里举办发布秀。"

拉夫·西蒙将泡泡宫作为"通往整个时装系列之路的象征，"时装系列笔记这样描写，"灵感来自从蔚蓝海岸的自然世界中汲取的色彩、纹理和光线，以及当地居民的本土风格"。

"风格、图案、纹理和工艺相互融合，焕发出多层次的南法风情。连体衣和艺术家风格罩衫、泳装和斜裁式晚礼服同时出现，轻松和谐"。而对"手工制作"的感性认识则在"探索将更多的'手织'工艺和传统技术与高级定制工坊的钩针、褶裥和拼布工艺相结合"的过程中发挥重要作用。

流畅优美的短褶裙上叠穿网状上衣，而标志性的迪奥套装的衬垫料则与橡胶花呢针织紧身裤相呼应（见右图）。"大地、天空和海景以卢勒克斯面料拼贴画的形式（见对页左上图）体现出来，而毛皮则更多地以挂毯式结构编织成围巾和连衣裙，进一步诠释抽象的有机世界。"

"隐匿于尘世的欢愉花园"

拉夫·西蒙从佛兰芒绘画大师的作品中获得灵感，创作了这个以 15 世纪末的画家耶罗尼米斯·博斯（Hieronymus Bosch）绘制的杰作命名的时装系列，与原作中粉色和绿色的明亮色调相呼应。

"我对禁果（在这一系列中被重塑为散落在 T 台上的闪闪发光的圆形物体）的想法以及其在当下的意义很感兴趣。"拉夫·西蒙说，"纯洁与奢华、无辜与颓废相对抗的想法，以及如何将其融入迪奥花园的理念中，不再是开满鲜花的花园，而是性感迷人的花园。最初的灵感来自佛兰芒绘画大师及其绘画方法。"西蒙解释说，也来自马丁·马吉拉 1997 秋冬系列的解构作品，其层层叠加的单臂不对称服装（某些部位还钉着纸样）给人以半成品的感觉。

"著名的迪奥大衣展示了其与中世纪晚期披风和'美好时代'礼服的相似性，夸张地运用了大量丝绸塔夫绸。"迪奥高级时装屋表示，"同时，采用珠宝制成的新式藤格纹链甲极尽奢华、极具表现力，可以作为马甲穿在衣服外"（见 588 页右图和 589 页右下图）。

"佛兰芒画派和法国画派的影响力呈现为浮夸到几近厚涂绘画法笔下的布料褶痕、专注于具有历史感的袖子（有些氯丁橡胶大衣上的袖子采用毛皮制作，见 588 页左下图），而印象派和点彩派对于图案的应用则体现在该系列频繁在材料上采用手绘，或用裁切后的羽毛精心制作时装（见 586 和 587 页）。

"我希望这个时装系列中能够隐含赏心悦目的奢华感觉。"西蒙说，"同时，纯洁、示意性和个性化的元素也必不可少，我一再从迪奥先生的作品中受到示意启发。历史的影响被拉回到现实中，对我来说，这才是现代的东西。在许多方面，这个秀场就像一座现代画派、点彩画派的教堂，它是所有这些问题的交汇之处。"

"地平线"

秀场的背景是一座用飞燕草堆成的山坡，"在卢浮宫方形庭苑可以看到一座由鲜花装点而成的山坡，它打破了传统秀场的界限，由内向外倾泻而下，呈现线条柔和、流畅优美的未来景观。"时装系列笔记写道。拉夫·西蒙将其在迪奥的最后一个时装系列命名为"地平线"，"以纯净而清晰的线条展现自然之美，从过去看向广阔的未来。"

"本系列作品既平和又非常柔软，没有过度的细节。"拉夫·西蒙告诉 *VOGUE* 杂志的萨拉·莫厄尔，"我不想去装饰，所以我想到了法国南部的风光，那里有彩虹和一切简单的东西。这个系列有点儿像电影《悬崖上的野餐》(*Picnic at Hanging Rock*) 的维多利亚时代风格。那些黑色的作品还带了点性感的意味。

"我希望这个时装系列有一种纯粹性。"他解释说，"这个系列看起来可能很简单，但在工艺上却非常复杂。透视的斜裁连衣裙下层层叠加的维多利亚式内衣，以及迪奥套装和粗针毛衣，都反映了过去设计师写实的风格，但对我来说，这一切仍然给人以奇妙的未来主义之感和不可思议的浪漫感觉。就像这位女性即将穿越空间和时间。"

模特们佩戴着"47"贴颈项链，向克里斯汀·迪奥推出其同名高级时装屋和"新风貌"的年份致敬（见592页下图）；经典的迪奥套装带着满身帅气再度出现，搭配"内衣式"上衣和短裤（见右图）；之后出场的是一系列三件套细条纹长裤套装（见592页左上图）。

除了裁剪，"裙装工坊传统、复杂的褶裥工艺得到大量运用，不仅出现在连衣裙上，还呈现为西装外套和横条纹公爵缎派克风衣的飘逸下摆。"时装系列笔记写道，"精致的棉质连衫裤和衬衣裙在廓形蜿蜒、斜裁的透视蝉翼纱连衣裙下隐约可见，与设得兰短款粗针毛衣叠加穿着也十分得宜。历来常用于厚重袖子的精确几何剪裁方式，如今运用在羽毛般轻盈的透明蝉翼纱上，让人眼前一亮。"

工作室

集体创造力

时尚被视为一种孤独的追求：我们认为设计师是独裁者，是独一无二的风格评判家。对克里斯汀·迪奥来说却并非如此，他的工作室造就了包括皮尔·卡丹和迪奥未来的继任者伊夫·圣罗兰在内的人才，而迪奥先生在创立自己的高级时装屋之前，也曾为吕西安·勒龙和罗贝尔·比盖工作过，曾是一位前途无量的新星。尽管当时的人们盲目迷恋明星设计师，但今天的情况已经不是如此。

无论是 1947 年还是 2017 年的迪奥时装系列，都离不开工坊的匠人和工作室的设计师等大量员工的共同努力。自从 2015 年 10 月拉夫·西蒙离开后，迪奥高级时装屋将决定权交给了一个团队，即西蒙在此工作三年期间与之并肩合作的工作室。工作室的作用是继续他的风格，为新的艺术总监加入品牌铺平道路。

这十二个月的过渡期内包括两场高级定制秀和两场成衣秀，工作室团队由两位瑞士设计师领导，分别是 41 岁的塞尔日·吕菲约（Serge Ruffieux）和 32 岁的露西·梅尔（Lucie Meier）。吕菲约于 2008 年加入迪奥，曾为加利亚诺工作，后晋升为女装设计主管。梅尔之前曾在巴黎世家（Balenciaga）与尼古拉·盖斯奇埃尔（Nicolas Ghesquière）共事过一段时间，后来又在路易威登工作了五年。尽管如此，在他们的共同领导下，迪奥高级时装屋的设计理念依然遵循西蒙的时装风格，对克里斯汀·迪奥永恒的女性品牌进行现代主义的重新诠释。

与其说"新风貌"代表了一场革命，不如说这是一个微妙成长和发展的时期，是一个重塑高级时装屋新旧规范的时期。工作室的第一个 T 台时装系列，即 2016 春夏高级定制秀，很自然地采用了迪奥套装的收腰廓形来展示迪奥的美学理念，但加入了豹纹印花和铃兰刺绣，铃兰是迪奥先生最喜欢的花。甚至该品牌在布莱尼姆宫举行的 2017 早春成衣系列发布秀也在向迪奥的传统致敬，迪奥先生和伊夫·圣罗兰曾分别于 1954 年和 1958 年在同一地点展示过时装系列，而该时装系列本身也特别强调了法式和央式设计风格对其的共同影响，迪奥先生和约翰·加利亚诺也常常从这两种风格中获取灵感。

迪奥高级时装屋在这一时期得到了许多人的指导，两位设计师和他们身后强大的六人团队在工艺方面也得到了能工巧匠们的指导，这些工匠来自迪奥高级定制工坊，其中一些人从马克·博昂时期就开始为迪奥工作。这些重要人物领导着迪奥工作室，他们使迪奥生生不息，是传承迪奥历史的动力源泉。

吕菲约和梅尔公开表达了他们对该品牌以往设计作品的赞誉，同时表示要以这些作品为参考，特别展开对"新风貌"的未来畅想。他们在 7 月展示的第二个高级定制系列参考了马克·博昂在迪奥高级时装屋任期内的设计，以及弗朗索瓦·沙维尔（François-Xavier）和克洛德·拉拉尼（Claude Lalanne）夫妇的原生艺术作品，这对夫妇在 1955 年左右与克里斯汀·迪奥合作设计了蒙田大道精品店的橱窗，在 1969 年与伊夫·圣罗兰也有过合作。然而，这场时装秀背后最重要的设计灵感来自迪奥高级时装屋本身。这个时装系列是单色的，正如迪奥套装和黑白照片的色调，这些照片勾勒出了迪奥高级时装屋在其创始人兼设计师领导下的决定性十年。就像迪奥先生一样，工作室团队也选择在蒙田大道三十号高级定制沙龙中展示该时装系列，而服装的设计是对迪奥工坊一直以来高超技艺的颂扬。

在 2016 年 7 月任命玛丽亚·嘉茜娅·蔻丽（Maria Grazia Chiuri）之前，在没有艺术总监的情况下，这一时期的时装系列是迪奥高级时装屋的共同成果。这些成果是对团队合作力量和集体重要性的致敬，也是对时装创作过程中固有的各种愿景的致敬，在这个过程中，人多力量大。

撰文 / 亚历山大·弗瑞

铃兰

拉夫·西蒙离开后的第一个高级定制系列在瑞士设计师吕菲约和梅尔的领导下，由迪奥内部工作室团队创作完成。两位领导者的目标是唤起"当下天真率直、无拘无束的巴黎人"，并通过安装在罗丹博物馆花园里的镜像装置展现现代气息。

"系列服饰的宽松程度因人而异，迪奥套装的外观效果取决于穿着者是否扣合衣身。肩膀裸露在外，十分性感。"时装系列笔记写道，"符号和吉祥物、运气和迷信是该系列的主题。它们有的作为吉祥物被绣在衣服上，有的贴在项链上。这里有迪奥先生钟爱的动物寓言集以及他的幸运信物，因为他是一个迷信的人，对他的幸运星有绝对的信念。

"针织品缝制成花边的式样，铃兰刺绣以某种方式组合起来，看上去像是豹纹图案，质地和剪裁的对比出人意料。在这个时装系列现代性新理念的背后，是时装屋高级定制工坊和刺绣工坊毫无保留的精湛技艺。"

"繁复与幻象感"

这个时装系列在卢浮宫方形庭苑内极具现代感的 T 台上展示，"重点在于繁复与幻象感。"迪奥高级时装屋宣布。

不对称的领口、饱满丰富的浮雕刺绣和大量配饰（从镜片上染有橙色、绿色或蓝色树叶图案的新款"DiorUmbrage"眼镜，到多夹耳环和"点缀着长条形彩色有机玻璃、玻璃和水钻"的精美戒指）映衬这个系列近乎全黑的色调，时装的主要廓形与 1947 年的迪奥套装相呼应。

"针织品的植物图案与裙子的刺绣花朵风格迥异，手袋和珠宝反复出现，甚至连狐狸毛、栗鼠毛和貂毛等皮草也进行了混搭。"时装系列笔记这样描述，"这也是一场视觉游戏，缝在外套衣领上的异色波纹饰片看起来像条围巾，而大衣式连衣裙底下露出好看的衬里图案，就像裙摆在微微晃动。克里斯汀·迪奥为 1949 春夏设计的'幻象感'系列（见 36 页）也曾运用过光学效应。"

布莱尼姆宫

六十二年前，克里斯汀·迪奥在布莱尼姆宫向皇室贵宾展示了他的第一场时装秀，之后伊夫·圣罗兰也于1958年在此举办过时装秀（见114页）。如今迪奥重返牛津郡，推出了一个特别的早春成衣系列，灵感来自"战后的上流社会服装"，以及"那个时期特有的躁动不安和旅行热潮，从旅行中发现新事物的渴望"，迪奥高级时装屋表示。

"通过狩猎传统来表现英国乡村生活，多数以狩猎元素而非真实狩猎场景的形式反映在装饰艺术中。混杂的红色让人联想到猩红色的乡村服饰、朴素的粗花呢和挺括的府绸，而19世纪的马术场景或是编织成复杂的提花针织图案，或是与英国乡村花卉纹样交叠。它们与采用亚洲和非洲的印花、饰有图案和刺绣的丰富多彩的烧花天鹅绒和丝绸一起，营造出一种对世界充满好奇的探索氛围，以及从根本上讲，反映了英国人在穿着上的特立独行。"时装系列笔记写道。

配饰尤其引人注目，丝巾可以系在手袋上（其中一些印有升级版迪奥标志图案，见右图）或穿过服装扣眼，也可以模仿克里斯汀·迪奥心目中的缪斯女神米萨·布里卡尔的风帽，将其缠绕在手腕上。

黑白"迪奥套装"

这个时装系列在标志性的蒙田大道三十号时装沙龙中亮相，克里斯汀·迪奥最初的高级定制工坊就在同一栋建筑中，这个系列被誉为"荣归故里，回到时装屋的起源地迪奥高级定制工坊"。

"迪奥套装是迪奥的精髓，是主要的灵感来源……沙漏状外套和宽摆裙是标志性廓形。"媒体通告指出，这个系列严格地以黑白两色重新诠释。"唯一的颜色、唯一的装饰，是雕刻般的金色刺绣，其灵感来自塞萨尔（César）和克洛德·拉拉尼的作品，是在向原生艺术致敬"，并且与沙龙中的镀金饰片相呼应。

设计师吕菲约和梅尔"以裙装为开场服装，在晚礼服和长裙中尝试褶皱和垂坠"，而"多层欧根纱衬里可以增加裙身的蓬松感，衬里本身也可以作为裙装"。"'新风貌'服饰变得更轻盈、更现代"，"外套本身被解构，要么拉长衣身，要么沿垂直方向抽褶，为其增添活力和动感，使其呈现新的外观，彰显迪奥精神。"

在这次发布会结束几天之后，迪奥便宣布任命玛丽亚·嘉茜娅·蔻丽为女装高级定制、成衣和配饰系列的艺术总监。

玛丽亚·嘉茜娅·蔻丽

女性气质与女性主义

克里斯汀·迪奥这个名字与女性气质密不可分。迪奥高级时装屋的标志性廓形是"数字 8",用手来回画个 8 字——这是"女性"在视觉上给人留下的总体印象。和迪奥打交道的也几乎都是女性,包括高级定制沙龙的客户和女店员、工坊的女裁缝以及为其他女性制作衣服的女技师。在迪奥先生的时代,米萨·布里卡尔、玛格丽特·卡雷(Marguerite Carré)和雷蒙德·泽纳克尔(Raymonde Zehnacker)对这位大师的创作产生了极其深远的影响,以至于这三位女性被称为"三位缪斯女神"。迪奥先生称她们为他的"母亲",这让我们想起另一位对他影响至深的重要女性,即他的生母,也是"新风貌"的灵感来源。然而,六十九年来,迪奥高级时装屋一直由男性设计师指导,给这个颇具女性气质的词汇赋予了男性化的色彩。

这一切在 21 世纪发生了变化:2016 年 7 月,51 岁的意大利设计师、华伦天奴(Velentino)前任联合创意总监玛丽亚·嘉茜娅·蔻丽成为第一位任职迪奥创意总监的女性。虽然截至本文撰写时,她的美学理念方兴未艾,其名下只有两个时装系列的作品,但从根本上说,她的身份是现代职业女性、女性主义者和一位母亲。正如迪奥先生一样,蔻丽的母亲对她产生了潜移默化的影响,从蔻丽早年在罗马生活的那段童年时光开始,就培养了她对时尚的热爱和迷恋。后来,蔻丽为罗马两家主要时装屋工作,先是芬迪(Fendi),再是华伦天奴。

蔻丽强调,她感兴趣的不是时尚魅力或幻想,而是现实——高级定制的核心工艺。她的母亲是一名裁缝,她小时候看着母亲工作,曾亲眼目睹这种工艺。时至今日,蔻丽希望用这种工艺为美和社会服务。"我努力保持专注并向世界敞开胸怀,创造出与当今女性相匹配的时尚。"她在谈及自己的迪奥成衣系列首季时装秀时说道。

就其本质而言,这个时装系列实现了这一目标。玛丽亚·嘉茜娅·蔻丽是迪奥历史上第一位时装首秀是成衣系列的艺术总监,她的作品反映了大多数女性服装的真实状况,而不是营造一个由高级定制编织的梦幻世界。与此类似,蔻丽的时装系列并没有把"女性"作为单一的、难以实现的理想,而是把"女性"作为一个群体。蔻丽说:"其实这个系列想表达的是,世上的女性并不是千篇一律的。"她的迪奥服装风格从运动服和晚装、休闲装和正装、大众服装和品牌服装中博采众长,诠译了当今女性的多元化,反映了她们的现实,而非我们的幻想。

在蔻丽的第一场时装秀上,有件 T 恤上写着:"我们都应该成为女性主义者",这件

T恤搭配了一条缀有华贵珠饰的裙子，穿在身上却显得轻松随意。许多人认为迪奥先生用束腰紧身衣和带衬垫的衣服约束女性身体，是反女性主义的，但迪奥先生当时公开表明，其设计的目的是让经历过战争磨难的女性重新拥有梦想。在某种意义上，他的"新风貌"是赋权于女性，崇拜女性，通过时尚振奋女性。这些裙子赋予女性某种重要性，给予女性一个召唤自己的空间：凹凸有致的女性曲线会引人注目。迪奥先生通过极致女性化的绝对力量，将迪奥女性武装起来，以应对新时代的要求。

蔻丽主张审美多元化，不仅针对女性，也针对迪奥本身，她对高级时装屋的经典廓形迪奥套装进行了改革。她推断，迪奥先生只设计了十年，然而她可以从许多重新塑造迪奥的不同视角的作品中汲取灵感，从圣罗兰到西蒙，把他们各种各样的重复、参考和诠释融合在一起。她还将阳刚之气与阴柔之美相融合，借鉴了设计师艾迪·斯理曼（Hedi Slimane）在担任迪奥男装创意总监期间设计的昆虫刺绣图案。通过玛丽亚·嘉茜娅·蔻丽的视角和诠释，大家可能会看到迪奥再次焕发生机，看到"新风貌"，并看到全新的东西。

撰文／亚历山大·弗瑞

"迪奥焕-新"

对于她的首个迪奥时装系列（迪奥高级时装屋历史上第一个由女性设计的系列），意大利设计师玛丽亚·嘉茜娅·蔻丽宣称，她的目标是"契合女性日新月异的需求，摆脱千篇一律的非阳刚即柔美、非新潮即保守、非理性即感性的刻板印象。"

她选择的中心主题是击剑，蔻丽解释说："在这门学科中，思想与行动之间要保持平衡，头脑和心灵之间要相得益彰。例如，女性剑术服与男性剑术服相比，除了有一些特殊的防护设计细节以外，其他都别无二致。"

设计师探索了"敏捷、英姿飒爽的当代女性形态和造型，展现精英运动的优雅。"媒体报道宣称。"新风貌"的衬垫和束腰紧身衣在这里变成了牢不可破的击剑防护服和"无压迫感"裸色紧身胸衣，在流畅优美的透视裙下若隐若现。

经典的迪奥套装廓形以一种更自由的方式被重新审视："白色外套勾勒出纤腰丰臀，内穿白色T恤［印有纲领性的广告语"Dion（r）evolution"］，而黑色裙子则以薄纱重新设计，隐约透出打底的针织内衬。"迪奥高级时装屋表示（见 610 页左图）。

蔻丽的设计思路关键在于想要回顾这个品牌的整个历史，以及她之前的设计师们的作品。她告诉蒂姆·布兰克斯："有时人们认为迪奥只指称迪奥先生，但迪奥也是一个拥有七十年历史的品牌。有很多优秀的艺术家曾在迪奥高级时装屋工作，克里斯汀·迪奥在七十年历史中只占了十年。之后是圣罗兰、马克·博昂、约翰·加利亚诺（我们这代人将约翰·加利亚诺视为迪奥的代表），还有拉夫·西蒙、斯理曼（迪奥·桀傲品牌）和奇安弗兰科·费雷。所以我决定换个视角，犹如一个策展人般地看待这个品牌。"

例如，白色运动鞋和衬衫上装饰的蜜蜂图案借鉴自艾迪·斯理曼为迪奥男装设计的时装系列，而从白底黑字的弹性肩带到贴颈项链和吊坠耳环（见 611 页右下图），以及无处不在的新广告语"J'Adior"，与约翰·加利亚诺的"J'Adore Dior"T恤（见 344 页）和"Adiorable"纹身图案（见 391 页）相呼应。

该系列的晚装作品主题丰富多彩、精巧繁复，其灵感来自克里斯汀·迪奥。"他的幸运符随处可见，比如衣裙上点缀着星星、心形和四叶草，午夜蓝色薄纱上用银线刺绣着宇宙和星象元素，而塔罗牌符号则在时装秀最后出场的晚礼服上以彩色刺绣的方式得到重新诠释。"迪奥高级时装屋总结道。

迷宫

为了纪念"新风貌"（见 24 页）诞生七十周年，玛丽亚·嘉茜娅·蔻丽为迪奥高级时装屋设计的第一个高级定制系列以迷宫为主题和背景。"在罗丹博物馆的花园里，黄杨木篱郁郁葱葱，丰茂的树木和灌木丛生，共同构成了一座现代迷宫。"迪奥高级时装屋宣称。布满青苔的秀场倒映在镜面天花板上，T 台围绕着一棵巨大的许愿树蜿蜒伸展，树上挂满了丝带、塔罗牌和其他护身符。

"多年来，以自然万物的原型为灵感的意象表达层出不穷，玛丽亚·嘉茜娅·蔻丽亦有感于此，她将对迪奥世界精髓的探索之旅视作迷宫中的寻觅。繁花绿植以及寓言化图像遍布沿途，构成了肖像画般的迷人景致。而与此同时，她的设计亦呼应了克里斯汀·迪奥先生的无限想象力。"媒体报道说。

该系列以"变革精神"（右图）拉开序幕，黑色羊毛和缎子的礼服风格裤装，搭配连帽迪奥套装。1947年的标志性迪奥套装以其最初的黑白色调呈现，"被解构和重塑，甚至被设计成斗篷"，还以柔软、旋转的欧根纱褶裥重新诠释。

晚礼服采用柔和精致的粉色系，绣上星星，手绘以塔罗牌符号，夹在层层薄纱之间的花朵栩栩如生。仅这条名为"香草精华"的淡褐色流苏裙（见 614 页右图）就需要耗时 1900 个小时，上面的拉菲草和线绣花卉图案源自克里斯汀·迪奥的原创作品，仍然保持其自然、有机的特质。"对我来说，用一种意犹未尽的方式来进行奢华的刺绣是一件充满诗情画意的事情，很有人情味，有种诗意的感动。"玛丽亚·嘉茜娅·蔻丽告诉苏西·门克斯。

迪奥高级时装屋指出，在时装秀的最后阶段，蔻丽"想象了一场童话般美妙的华丽舞会"。她奏响了新的主题曲"月牙"，黑色和裸色褶裥薄纱裙上升起一弯黑色的天鹅绒月牙（见 615 页右图），压轴的盛装礼服及其"独角兽"头饰（见 617 页右图）仙气飘飘。从印象派花园效果的羽毛刺绣（见 616 页右图）到克里斯汀·迪奥 1949 年"朱诺"礼服（见 41 页）的简化演绎版"新朱诺"礼服（见 617 页左上图），重温了迪奥的经典元素。

配饰也同样异想天开，迪奥高级时装屋解释说，克洛德·拉拉尼的"点缀于衣身上的花卉、荆棘和蝴蝶造型配饰珠宝恣意焕发春日气息"，而斯蒂芬·琼斯的"帽子与面纱则被注入了些许哥特式的变幻色彩，带有一丝朋克气息"。设计作品包括羽毛冕状头饰、"朋克"烧焦羽毛式发型、"树篱"头饰以及用鸵鸟羽毛刺毛制成的"鸟语花"（见 615 页左下图），为蔻丽的"秘密花园"锦上添花。

参考文献

为了不影响阅读的流畅性，本书正文没有用脚注或其他方式标注引文出处。

序言、设计师简介和系列作品介绍的引文出处及其他参考文献如下。

Andrew Bolton, 'John Galliano in conversation with Andrew Bolton', *in China: Through The Looking Glass, New York*: The Metropolitan Museum of Art, 2015

Christian Dior, *Dior by Dior: The Autobiography of Christian Dior*, London: V & A Publishing, 2015

Caroline Evans, *Fashion at the Edge: Spectacle, Modernity, and Deathliness*, New Haven: Yale University Press, 2003

Caroline Evans, 'John Galliano: Modernity and Spectacle', published on SHOWstudio, 2 March 2002 (http://showstudio.com/project/past_present_couture/essay, accessed 27 May 2016)

Alexander Fury, interview with Raf Simons, New York, 9 May 2014

John Galliano online: 'Dior Haute Couture Fall/Winter 2009–2010 Collection' (https://www.youtube.com/watch?v=dUoW2Q6u9qI, accessed 19 June 2016)

John Galliano online: 'John Galliano Explaining the Beauty of Dior' (https://www.youtube.com/watch?v=cNjXmIwIm8k, accessed 19 June 2016)

John Galliano online: 'The South Bank Show', January 1997 (https://www.youtube.com/watch?v=1dwhuCghGJE, accessed 20 August 2016)

Bill Gaytten online Q & A, 16 December 2011: http://us.gallianostore.com/on/demandware.store/Sites-JGUS-Site/default/Diary-Show?fid=fashion, accessed 28 November 2016

Robin Givhan, *The Battle of Versailles*, New York: Flatiron Books, 2015

Cathy Horyn, 'More More More Dior', System, Issue No. 6 – Autumn/Winter 2015

Ulrich Lehmann, *Tigersprung: Fashion in Modernity*, London: MIT Press, 2001

Colin McDowell, in conversation with John Galliano for SHOWstudio's 'Past, Present & Couture' project (http://showstudio.com/project/past_present_couture/interview_transcripts, accessed 27 May 2016)

Glenn Alexander Magee, *The Hegel Dictionary*, London: A & C Black, 2010

Suzy Menkes, 'Ferré: Rigueur and Romance', *International Herald Tribune*, 24 July 1989

Sarah Mower, *Review: Christian Dior* spring/summer 2017, *VOGUE*.com, 30 September 2016

'Cardin, Laroche, Givenchy Called Likely Successors; Dior: Fashion's Ten-Year Wonder Leaves Couture Leadership a Question', *The New York Times*, 25 October 1957

'Draft Date Nears for Dior Designer', *The New York Times*, 16 August 1960

Alexandra Palmer, *Dior: A New Look, A New Enterprise (1947–57)*, London: V & A Publishing, 2009

Marie-France Pochna, *Christian Dior*, New York: Assouline, 1996

Marie-France Pochna, *Christian Dior: The Man Who Made the World Look New*, London: Overlook, 2008

Alice Rawsthorn, *Yves Saint Laurent*, London: HarperCollins, 1996

Miles Socha, 'Paris Brings Double Duty for Gaytten', *Womenswear Daily*, 29 September 2011

Amy M. Spindler, 'Among Couture Debuts, Galliano's Is the Standout', *The New York Times*, 21 January 1997

注：若无特殊说明，参考文献*VOGUE* 杂志都是美国版*VOGUE*杂志。

时装系列服化道人员名单

马克·博昂

1980 春夏高级定制系列—1980 秋冬高级定制系列
发型师：克里斯多夫·卡里塔（Christophe-Carita）

1982 春夏高级定制系列 – 1987 秋冬高级定制系列
发型师：查尔斯·雅克·德桑（Charles-Jacques Dessange）

1988 春夏高级定制系列—1989 春夏高级定制系列
发型师：查尔斯·雅克·德桑
化妆师：伊莲·古里奥（Éliane Gouriou）
布景师：菲力浦·阿斯特吕克（Philippe Astruc）

奇安弗兰科·费雷

1989 秋冬高级定制系列—1990 春夏高级定制系列
发型师：珍·克劳德·加隆（Jean-Claude Gallon）

1990 秋冬高级定制系列
发型师：帕特里克·阿莱斯（Patrick Alès）

1991 春夏、1992 春夏、1993 春夏高级定制系列 —1995 秋冬高级定制系列
发型师：阿尔多·科波拉（Aldo Coppola ）

约翰·加利亚诺

1997 春夏高级定制系列
发型师：奥迪勒·吉尔伯特（Odile Gilbert）
化妆师：斯特凡·马雷（Stéphane Marais）
帽子设计师：斯蒂芬·琼斯（Stephen Jones）
鞋子设计师：莫罗·伯拉尼克（Manolo Blahnik）

1997 秋冬高级定制系列、1998 春夏高级定制系列、1998 秋冬高级定制系列
发型师：奥迪勒·吉尔伯特
化妆师：斯特凡·马雷
帽子设计师：斯蒂芬·琼斯
鞋子设计师：莫罗·伯拉尼克
布景师：迈克尔·豪威尔斯（Michael Howells）

1998 春夏成衣系列
发型师：奥迪勒·吉尔伯特
化妆师：斯特凡·马雷
帽子设计师：斯蒂芬·琼斯
鞋子设计师：莫罗·伯拉尼克
布景师：La Mode en Images

2000 秋冬高级定制系列、2001 春夏高级定制系列—2007 春夏成衣系列
发型师：奥兰多·皮塔（Orlando Pita）
化妆师：帕特·麦克戈拉斯（Pat McGrath）
帽子设计师：斯蒂芬·琼斯
制作人：贝塔克工作室（Bureau Betak）

2007 春夏高级定制系列—2011 秋冬成衣系列
发型师：奥兰多·皮塔
化妆师：帕特·麦克戈拉斯
帽子设计师：斯蒂芬·琼斯
布景师：迈克尔·豪威尔斯
制作人：贝塔克工作室

比尔·盖登

2011 秋冬高级定制系列
发型师：奥兰多·皮塔
化妆师：帕特·麦克戈拉斯
帽子设计师：斯蒂芬·琼斯
布景师：迈克尔·豪威尔斯
制作人：贝塔克工作室

2012 春夏高级定制系列—2012 秋冬成衣系列
发型师：奥兰多·皮塔
化妆师：帕特·麦克戈拉斯
帽子设计师：斯蒂芬·琼斯
制作人：贝塔克工作室

拉夫·西蒙

2012 秋冬高级定制系列—2013 春夏高级定制系列
发型师：吉多·帕劳（Guido Palau）
化妆师：帕特·麦克戈拉斯
帽子设计师：斯蒂芬·琼斯
制作人：贝塔克工作室

2013 秋冬成衣系列—2014 秋冬成衣系列
发型师：吉多·帕劳
化妆师：帕特·麦克戈拉斯
制作人：贝塔克工作室

2015 早春成衣系列—2016 春夏成衣系列
发型师：吉多·帕劳
化妆师：彼得·菲利浦斯（Peter Philips）
制作人：贝塔克工作室

工作室

2016 春夏高级定制系列—2016 秋冬高级定制系列
发型师：吉多·帕劳
化妆师：彼得·菲利浦斯
制作人：贝塔克工作室

玛丽亚·嘉茜娅·蔻丽

2017 春夏成衣系列—2017 春夏高级定制系列
发型师：吉多·帕劳
化妆师：彼得·菲利浦斯
制作人：贝塔克工作室

以上服化道人员名单统计截至本书出版前。我们很乐意在以后的再版中增补未纳入此名单的人员，以示鸣谢。

图片来源

除另有说明外，所有图片版权均为©firstVIEW 所有。

致　谢

作者和出版商感谢克里斯汀·迪奥的奥利维尔·比亚洛沃斯（Olivier Bialobos）、杰罗姆·戈蒂尔（Jérôme Gautier）、索齐奇·普法夫（Soïzic Pfaff）和佩林·舍勒（Perrine Scherrer）在本书制作过程中给予的帮助和支持。

还要感谢第一视觉（firstVIEW）的克里·戴维斯（Kerry Davis）和唐·阿什比（Don Ashby）。

服装、配饰与面料精选索引

以下数字表示相关图片所在页码。

套装名称

面料和装饰

模特索引

以下数字表示相关图片所在页码。

虽然我们已尽最大努力确认本书中出现的所有模特，但仍可能会有疏漏。疏漏之处，我们将在后续重印时修正和补充。

图书在版编目（CIP）数据

迪奥T台时装作品全集/(英)亚历山大·弗瑞,(法)阿黛丽娅·萨巴蒂尼著;
朱巧莲译. —上海：东华大学出版社，2023.3
ISBN 978-7-5669-2153-6

Ⅰ.①迪… Ⅱ.①亚… ②阿… ③朱… Ⅲ.①时装-服装设计-作品集-世界-现代
Ⅳ.①TS941.28

中国版本图书馆CIP数据核字(2022)第233802号

Published by arrangement with Thames & Hudson Ltd, London,
Dior: The Complete Collections © 2017 Thames & Hudson Ltd, London
Introduction and designer profiles © 2017 Alexander Fury
Series concept and collection texts by Adélia Sabatini © 2017 Thames & Hudson Ltd, London
Photographs © 2017 firstVIEW unless otherwise stated
Design by Fraser Muggeridge studio
This edition first published in China in 2023 by Donghua University Press Co., Ltd, Shanghai
Simplified Chinese edition © 2023 Donghua University Press Co., Ltd, Shanghai

责 任 编 辑：徐 建 红
书 籍 设 计：东华时尚

出　　　　版：东华大学出版社（地址：上海市延安西路1882号　邮编：200051）
本 社 网 址：dhupress.dhu.edu.cn
天猫旗舰店：http://dhdx.tmall.com
销 售 中 心：021-62193056　62373056　62379558
印　　　　刷：中华商务联合印刷（广东）有限公司
开　　　　本：889mm×1194mm　1/16
印　　　　张：39.5
字　　　　数：1 330千字
版　　　　次：2023年3月第1版
印　　　　次：2023年3月第1次
书　　　　号：ISBN 978-7-5669-2153-6
定　　　　价：498.00元